JN496283

고분자 기반 리튬 이차 전지 소재 및 연구 동향

문성준, 고광모, 박교리, 이경진

충남대학교출판문화원

고분자 기반 리튬 이차 전지
소재 및 연구 동향

지은이 문성준, 고광모, 박교리, 이경진
발행일 2019년 12월 30일 발행인 이진숙
펴낸곳 충남대학교출판문화원 주소 대전광역시 유성구 대학로 99
전화 042-821-6045 홈페이지 http://www.cnupress.co.kr E-mail cnupress@cnu.ac.kr

ISBN 979-11-6503-009-4 93560
정가 10,000원

이 책의 내용을 사용하려면 반드시 저자와 충남대학교출판문화원의 동의를 얻어야 합니다.
잘못 만들어진 책은 구입하신 서점에서 교환하여 드립니다.

본 교재는 2016년도 산업통상자원부의 재원으로 한국에너지기술평가원(KETEP)의 지원을 받아 수행한 '미래시장 선점을 위한 LIB 음극 기술리더 양성 고급 트랙'의 지원으로 제작되었음.

고분자 기반 리튬 이차 전지
소재 및 연구 동향

문성준, 고광모, 박교리, 이경진

머리말

리튬이차전지는 많은 연구가 활발히 이루어지고 있는 분야로, 최근 휴대폰, ESS, 전기 자동차 등의 빠른 발전 속도에 따라 많은 발전을 이루고 있다. 따라서, 이러한 리튬이차전지를 형성하기 위해 사용되는 주된 물질들, 그 중에서도 고분자 물질들을 선정하여 이 책을 작성하였다. 이 책이 고분자 물질을 리튬이차전지 소재로 이용하고자 하는 많은 연구자들과 학생들에게 유용한 자료로 사용되길 바란다.

목 차

Ⅰ. 리튬 이온 전지 개요

Ⅰ. 리튬 이온 전지 개요

1.1. 리튬 이차 전지의 개요

일반적으로 전지는 에너지 사용 지속성을 기준으로 내부에 저장된 에너지를 일회성으로 사용하는 일차전지와, 충/방전을 통해 지속적으로 사용할 수 있는 이차전지로 분류할 수 있다. 그 중에서도 이차전지는 전기에너지 지속성을 기반으로 산업 및 실생활에서 많이 이용되고 있으며, 그에 따라 다양한 연구와 발전이 도모되고 있다. 가장 활발한 연구가 이루어지고 있는 분야는 리튬 이온 전지 분야로, 3.6V의 비교적 높은 작동 전압과 높은 에너지 밀도를 기반으로 주로 휴대폰 및 노트북과 같은 소형 전자 장치에 사용되어 왔다. 최근에는 이러한 소형 전자 기기 이외에도 전기 자동차 및 에너지 저장 시스템과 같은 대형 배터리 분야에도 리튬 이온 전지를 사용하기 시작하였으며, 이러한 요구에 따라 리튬 이온 전지의 대용량화에 대한 연구가 활발하게 이루어지고 있다.[1][2]

리튬 이온 전지의 충전 및 방전 과정은 간단하게 양/음극을 이동하는 리튬 이온이 에너지를 품고 이동함으로 진행된다고 할 수 있다. 충전 과정 동안에는 양극에 존재하는 리튬 산화물에 외부에서 유입된 전자가 제공되고 이를 통해 리튬 이온이 환원되어 탈리되며, 탈리된 리튬 이온은 전해질을 통해 분리막을 통과한 후 흑연에 삽입되어 외부에서 주입된 전기 에너지를 충전할 수 있게 된다. 반대로, 방전 과정에는 충전 과정의 역방향으로 전기화학적 반응이 진행되어, 흑연에 삽입되어 있던 리튬 이온이 다시 양극으로 이동하여 함유하고 있던 전자를 제공하면서, 외부 회로에 전기가 흐를 수 있게 된다.[3] 따라서, 리튬 이온 전지는 충전 과정에서는 전기에너지가 화학에너지로의 변환을 가능하게 하며, 방전 과정에서는 화학에너지가 전기에너지로 변환할 수 있게 하는 소재를 일컫는다고 할 수 있다.

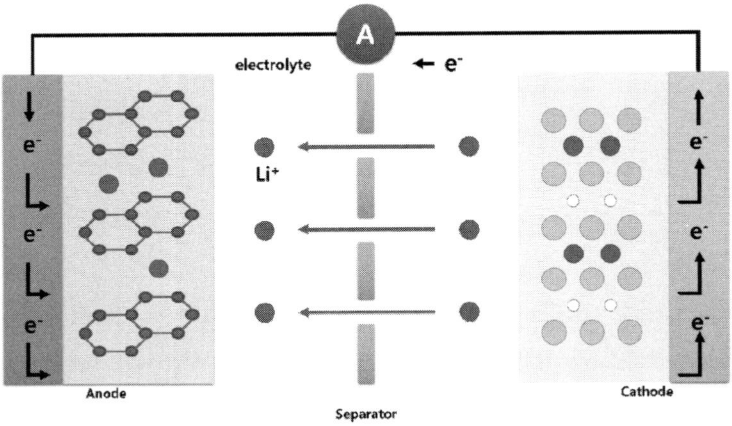

그림 1. 리튬 이온 전지의 구동 원리 개략도

리튬 이온 전지의 구성물질을 살펴보면 크게 음극, 양극, 분리막, 전해질로 그 구성요소를 나눌 수 있으며, 에너지 밀도를 결정하는 주요 요인은 일반적으로 음극재와 양극재로 나뉘는 양 극 활물질들에 의해 결정된다. 일반적으로 사용되는 양극 활물질은, 리튬 이온의 산화물형태를 가지는 금속 합금의 형태를 띄고 있는 경우가 많은 비율을 차지하고 있다. $LiCoO_2$ (LCO)의 경우가 가장 많이 사용되고 있는 양극재 물질인데,[4] 근래에는 $LiNi_xCo_yMn_zO_2$ (NCM-xyz),[5] $LiNi_xCo_yAl_zO_2$ (NCA)[6] 등의 NCO와 비슷한 층상 구조를 가지면서도 용량이 증가된 Ni계 양극재 및 이외에도 $LiMn_2O_4$ (LMO),[7] $LiNi_{0.5}Mn_{1.5}O_4$ (LNMO)[8]

등의 스피넬계 및 $LiFePO_4$ (LFP),[9] $LiMnPO_4$ (LMP)[10] 등의 올리빈계 양극재에 대한 연구도 많이 진행되고 있는 실정이다.

음극 활물질이란, 산화반응이 진행될 때 전자를 방출할 수 있는 소재로 리튬 이온 전지 소재 중 최근 가장 연구가 많이 진행되고 있는 소재이다. 초기에는 리튬 금속을 직접 리튬 이온 전지에 사용하였지만, 폭발의 위험성 등의 문제로 사용 빈도가 점점 감소하고 있으며, 최근에는 내부에 존재하는 층상 구조로 인해 리튬 이온을 다량 함유할 수 있는 탄소계 물질들이 주로 사용되고 있다. 그 중에서도 가장 상용화되어 있는 물질은 Carbon 기반의 층상 구조를 이루고 있는 흑연 (graphite)으로, 충전 시 리튬이온이 흑연의 층간으로 삽입되는 메커니즘을 통하여 다량의 리튬 이온을 함유할 수 있다는 특징이 있다. 흑연의 이론적 방전용량은 372 mAh/g이며,[11] 흑연의 이론적 방전용량은 다양한 연구를 통하여 기술적으로 어느정도 달성이 된 상황이다. 하지만, 이러한 흑연의 방전용량은 더 높은 수준의 에너지 밀도를 요구하는 전기자동차, ESS 등에 사용되기에는 한계가 있다.

이러한 요구 조건을 기반으로, 최근의 연구에서는 이러한 고용량 및 고출력용 음극 활물질을 개발하기 위한 연구들이 활발하게 이루어지고 있다. 그 중 가장 많은 연구 수를 차지하는 물질은 단연 실리콘계 물질들이라 할 수 있다. 실리콘계 물질의 경우, 이론적 용량이 약 4200 mAh/g의 수준으로 흑연의 이론적인 용량의 약 10배 이상의 높은 용량을 가지고 있기 때문에,[11][12][13][14] 고 용량 리튬 이온 전지를 위한 차세대 음극 활성 물질로 대두되고 있다. 하지만, 순수한 실리콘을 리튬 이온 전지의 음극재로 사용하는 경우, 리튬의 삽입/탈리에 따라 실리콘 소재의 부피 팽창이 매우 크게 일어나고, 그로 인해 지속적인 충방전이 이후에는 용량 저하 (Capacity retention)로 이어진다는 단점이 있다. 이러한 실리콘 소재의 부피 팽창을 감소시키기 위하여, Yolk shell 구조,[15] 나노 파티클화,[16] 합금[17] 등의 다양한 연구들이 진행중에 있다.

분리막은 양 극 사이에 존재하는 다공성 막으로, 두 전극 간의 전기적 단락을 방지하면서도 이온 전달의 통로를 제공하는 소재이다. 따라서, 분리막으로 사용되기 위한 소재는 전기적 부도체성을 가져야 하며, 이온전도성을 가지고 있는 특성을 보유하여야 한다. 일반적으로 가장 많이 사용되고 있는 분리막은 polyolefin 계 고분자 물질인 polyethylene (PE), polypropylene (PP)이며, 건식법 및 습식법을 통하여 다공성을 가지고 있는 얇은 막의 형태로 가공되어 이용된다. Polyolefin 계열의 고분자를 사용한 분리막의 경우, 열 변형에 대한 안정성이 낮다는 단점이 존재하며, 기계적 강도가 약해 내부 단락 위험이 존재한다. 따라서, 이는 전지 폭발의 직접적인 원인이 될 수 있다는 단점이 있다. 최근에는 이러한 단점을 극복하기 위한 방법으로 polyolefin계 고분자 분리막의 표면에 세라믹을 코팅하는 등의 표면 처리 기법을 통하여 높은 열적 안정성과 기계적 특성을 보유하는 방법 등에 대하여 연구가 진행되고 있다.18

전해질의 경우, 양극과 음극의 이온 이동이 가능케하는 매개체로 높은 이온전도도가 요구 시 되는 특성을 가진다. 일반적으로 리튬 이온 전지의 충전 전압은 4.2 V가량으로 높은 특성을 가지고 있기 때문에, 이러한 전압에 의해 분해되는 특성이 있는 수용액 전해액을 사용하기에는 제한이 있다. 따라서, 가장 상용화된 전해질은 액상의 유기물 기반 전해질로, 주로 리튬염을 유기 용매에 용해시킨 형태의 액상 물질을 사용한다. 전해질로는 $LiPF_6$, $LiPF_4$, $LiAsF_6$, $LiClO_4$ 등의 리튬 복합염이 주로 사용되고, 용매로는 프로필렌 카보네이트, 에틸렌 카보네이트 등의 혼합액이 주로 사용되고 있다. 이러한 액상 전해질의 경우에는 증기압이 매우 높고, 가연성을 가지는 물질이 대부분이기 때문에 폭발에 위험성을 가진다는 단점이 있는데, 최근 이러한 단점을 극복하기 위해 고체 전해질 및 겔 전해질에 대한 많은 연구가 진행 중에 있다.

1.2. Conclusions

본 챕터에서는 리튬 이온 전지의 기본적인 구동 원리와 구성 물질, 그리고 각 구성 물질 별 특징들을 간단하게 살펴보았다. 최근 산업의 발전에 따라 매우 많은 관심을 받고 있고 높은 성능 요구를 받고 있는 리튬 이온 전지의 발전을 위해서는 이러한 구동 원리와 구성 물질에 대한 연구가 필수적이다. 따라서, 리튬 이온 전지의 구동 원리와 구성 물질에 대한 심도 높은 이해와 연구가 리튬 이온 전지의 성능 발전에 많은 영향을 줄 것이라 사료되며, 이러한 성능 발전에 따라 다양한 분야의 산업 발전에도 영향을 줄 수 있을 것이라 사료된다.

References

[1] Pillot, C. in *Avicenne Energy, Presentation at 18th International Meeting on Lithium Batteries, Chicago (USA).*

[2] Xu, Z. *et al.* Which LIB Cathode Will Dominate for the EVs and ESS---from the Industry Point of View? *ECS Transactions* **80**, 185 (2017).

[3] Yoshio, M., Brodd, R. J. & Kozawa, A. *Lithium-ion batteries*. Vol. 1 (Springer, 2009).

[4] Nitta, N., Wu, F., Lee, J. T. & Yushin, G. Li-ion battery materials: present and future. *Materials today* **18**, 252-264 (2015).

[5] Schipper, F. *et al.* Recent advances and remaining challenges for lithium ion battery cathodes I. Nickel-Rich, LiNixCoyMnzO2. *Journal of The Electrochemical Society* **164**, A6220-A6228 (2017).

[6] Jang, B.-C. & Son, J.-T. Structural analysis of iron-doped LiNi0. 85Co0. 10Al0. 05O2 cathode materials for lithium-ion batteries. *Journal of Nanoscience and Nanotechnology* **16**, 10649-10653 (2016).

[7] Kim, D. K. *et al.* Spinel LiMn2O4 nanorods as lithium ion battery cathodes. *Nano letters* **8**, 3948-3952 (2008).

[8] Zhou, L., Zhao, D. & Lou, X. LiNi0. 5Mn1. 5O4 hollow structures as high-performance cathodes for lithium-ion batteries. *Angewandte Chemie International Edition* **51**, 239-241 (2012).

[9] Yamada, A., Chung, S.-C. & Hinokuma, K. Optimized LiFePO4 for lithium battery cathodes. *Journal of the electrochemical society* **148**, A224-A229 (2001).

[10] Li, G., Azuma, H. & Tohda, M. LiMnPO4 as the cathode for lithium batteries. *Electrochemical and Solid-State Letters* **5**, A135-A137 (2002).

[11] Li, H., Huang, X., Chen, L., Wu, Z. & Liang, Y. A high capacity nano Si composite anode material for lithium rechargeable batteries. *Electrochemical and Solid-State Letters* **2**, 547-549 (1999).

[12] Hu, Y. S. *et al.* Superior storage performance of a Si@ SiOx/C nanocomposite as anode material for lithium-ion batteries. *Angewandte Chemie International Edition* **47**, 1645-1649 (2008).

[13] Ma, D., Cao, Z. & Hu, A. Si-based anode materials for Li-ion batteries: a mini

review. *Nano-micro letters* **6**, 347-358 (2014).

[14] Ge, M., Fang, X., Rong, J. & Zhou, C. Review of porous silicon preparation and its application for lithium-ion battery anodes. *Nanotechnology* **24**, 422001 (2013).

[15] Liu, N. *et al.* A yolk-shell design for stabilized and scalable Li-ion battery alloy anodes. *Nano letters* **12**, 3315-3321 (2012).

[16] Xue, L. *et al.* Carbon-coated Si nanoparticles dispersed in carbon nanotube networks as anode material for lithium-ion batteries. *ACS applied materials & interfaces* **5**, 21-25 (2012).

[17] Moon, S. *et al.* Mass-Production of Electrospun Carbon Nanofiber Containing SiOx for Lithium-Ion Batteries with Enhanced Capacity. *Macromolecular Materials and Engineering* **304**, 1800564 (2019).

[18] Arora, P. & Zhang, Z. Battery Separators. *Chemical Reviews* **104**, 4419-4462, doi:10.1021/cr020738u (2004).

II 리튬 전지 내 고분자 개요

2.1. 분리막

2.2. 고체전해질

2.3. 바인더

2.4. Conclusions

Ⅱ. 리튬 전지 내 고분자 개요

앞서 챕터 1에서 살펴본 것처럼 리튬 전지는 음극, 양극, 전해질, 분리막 등의 소재들로 구성되어 있다. 리튬 이온 전지의 궁극적인 성능인 출력 및 충방전 용량 등의 요소는 대부분이 무기물 기반의 음극과 양극을 통해 결정된다고 할 수 있지만, 고분자 물질을 기반으로 사용되는 분리막, 전해질 (고체전해질) 그리고, 바인더 소재의 경우에도 각각 전지 내에서 매우 중요한 역할을 수행하고 있다. 본 챕터에서는 이러한 리튬 전지에서 사용된 고분자 소재들의 종류와, 사용처, 그리고 어떠한 특성을 보유하고 있는지에 대한 내용을 조금 더 자세히 알아보고자 한다.

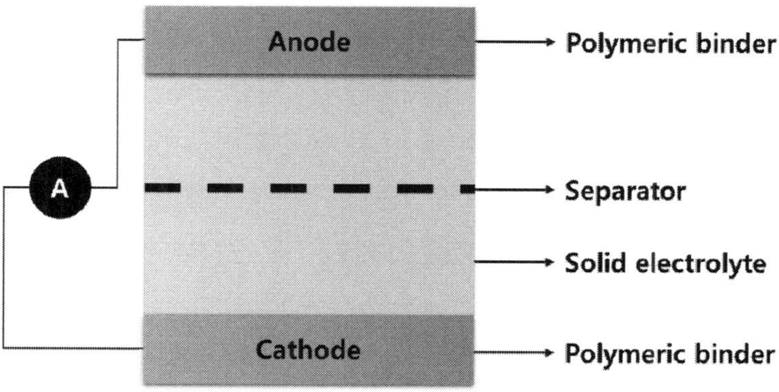

그림 1. 리튬 전지 내 고분자 물질에 대한 개략도

2.1. 분리막

리튬 이온 전지에 사용되는 고분자 물질을 떠올렸을 때, 가장 먼저 떠올릴 수 있는 고분자 물질은 분리막이라고 할 수 있다. 일반적인 분리막의 형태는 고상의 박막 형태를 띄고 있는데, 내부에 다량의 기공이 함께 존재하는 다공성 구조를 가지고 있다. 이러한 박막을 제조하기 위해 사용되는 물질은 polyolefin 계열의 polyethylene (PE)와 polypropylene (PP)로, 가격이 매우 저렴하면서도 일정 수준 이상의 기계적 강도를 보유하고 있기 때문에, 가장 상용화가 많이 이루어진 물질이라 할 수 있다.

이러한 다공성 고분자 박막을 제조하는 방법에는 매우 다양한 방법이 존재하나, 산업적으로 가장 많이 사용되는 방법은 건식 및 습식 방법이다. 건식 방법의 경우, 사출기를 이용하여 고분자 필름을 사출한 후, 제조된 고분자 필름을 연신하는 방법을 통해 기공을 형성하는 방법이다. 건식 방법의 경우에는 기본적으로 이용 가능한 고분자 물질의 종류가 결정화 가능한 고분자 물질만을 이용할 수 있기 때문에, 주로 PE 및 PP 등의 고분자 물질을 이용하여 제조한다.

습식 방법의 경우 건식 방식과 매우 비슷하지만, 고분자 필름을 제조하는 과정에 plasticizer 및 solvent 등의 첨가제를 첨가하여 겔 형태의 필름 상을 제조하여 이용한다. 제조된 겔 형태의 필름 상의 연신과정을 통해 기공 전구체를 형성할 수 있으며, 내부에 존재하는 유기화합물을 제거하는 방법을 통하여 기공을 제조할 수 있다. 따라서, 비교적 다양한 고분자 물질을 활용하여 다공성 분리막의 제조가 가능하다는 장점이 있다. 하지만, 건식 공정과 비교하여 내부에 다양한 첨가제가 첨가되며, 이러한 첨가제들을 제거하기 위한 추가 공정으로 인해 공정 비용이 소폭 상승한다는 단점이 존재한다. 최근에는 이러한 연신 공정을 기반으로 하는 건식/습식 기법 이외에도, phase inversion, wet-laid, dry-laid, melt spinning, electrospinning 등의 방법을 통하여 다공성 고분자 필름을 제조하고 있다.

일반적으로 분리막 소재로 가장 많이 사용되는 고분자 소재인 polyolefin 계 물질 PE와 PP의 경우, 일정 수준이상의 기계적 강도를 보유하고 있지만, 고 출력, 고 에너지용 전지에 사용되기에는 기계적인 강도가 부족하고, 열에 대한 안정성이 매우 낮기 때문에 필름 열화 현상이 일어나는 경우, 전지가 폭발할 수 있다는 단점이 있다. 따라서, 최근에는 이러한 단점을 해결하기 위하여 매우 다양한 고분자 물질을 기반으로 다양한 물성을 가지는 다공성 고분자 필름이 제조되고 있다. 그 예시로 PVDF, PAN, PMMA 등의 상용 고분자 이외에도 Polyimide, Nylon, polysulfonamide, Polyethylene terephthalate 등의 engineering plastic 등을 소재를 활용하여 다공성 분리막을 제조하고 있으며, 이를 고 출력, 고 에너지용 리튬 이차 전지에 적용하고자 다양한 연구가 진행 중에 있다. 하지만, 아직까지는 이러한 고 물성을 가지는 분리막은 기존의 polyolefin 계열 고분자와 비교하여 매우 높은 단가를 가지고 있기 때문에, 상용 전지에 사용되기에는 제한이 있다.

이러한 제조 단가를 상승시키지 않으면서도, 더 좋은 물질 특성을 확보하기 위한 방법으로는 polyolefin 계열 물질로 제조된 분리막의 표면처리를 통한 방법이 주로 이용되고 있다. 예를 들어, polyolefin 계열 고분자를 활용하여 제조된 다공성 분리막 표면에 열에 대한 안정성이 높은 무기물질을 도포하여 높은 열안정성을 보유하는 분리막을 제조하는 등의 연구가 진행되고 있으며, 더욱 최근에는 분리막에 shut-down 특성을 부여하기 위한 방법으로 PE/PP/PE 혹은 PP/PE/PP형태의 multi-layered plane을 활용하여 제조된 분리막도 사용되고 있다.

2.2. 고체전해질

리튬 이온 전지에서 양극과 음극과 함께 가장 많이 연구되는 분야 중 하나인 전해질은 리튬 이온 전지의 전체 성능에 있어서 중요한 역할을 하고 있으며, 이에 따라 다양한 종류의 물질을 기반으로 하는 다양한 연구가 진행 중에 있다.

리튬 이온 전지에 사용되는 전해질 물질은 리튬 이온 전지의 높은 구동 전압 때문에 수용액보다는 고분자 물질과 유기 용매, 그리고 리튬 염으로 이루어진 물질들이 주로 사용되고 있으며, 일반적으로는 유동성이 좋은 용액 형태의 전해질이 상용화 되어 있다.

하지만, 이러한 액상 기반의 전해질 물질의 경우, 증기압이 높은 유기 용매를 기반으로 사용하기 때문에, 고 전압 및 고 전류가 액체 전해질에 인가되는 경우, 액체 전해질의 온도는 점차 상승하게 되며, 이로 인해 리튬 이온 전지의 폭발 혹은 전해질 누출이 야기될 수 있다. 따라서, 최근 이슈가 되고 있는 고 전압/고 전류를 요구하는 고 성능의 리튬 이온 전지를 형성하기 위해서는 이러한 전해질 물질의 안전성 문제를 필수적으로 해결해야만 한다고 할 수 있다.

이러한 요구에 따라, 높은 증기압을 가지는 액체 전해질을 점차 고체 전해질로 대체하여 근본적인 위험 인자를 제거하고자 하는 다양한 연구가 진행되고 있다. 이러한 전해질 물질의 고상화는 앞서 언급한 안전 문제를 해결함은 물론, 리튬 이온 전지의 구성 요소 중 분리막 물질을 필요로 하지 않을 수 있기 때문에, 공정 및 비용적 이점을 가져올 수 있으며, 전해질과 전극을 여러 층으로 적층 하는 적층형 리튬 이차 전지 소자를 제조할 수 있기 때문에, 액체 전해질이 갖고 있는 출력과 용량 한계를 극복할 수 있는 대안으로 대두되고 있다.

최근의 연구에서 가장 연구가 활발히 이루어지고 있는 고분자 기반의 고상 전해질 물질은 Polyethyleneoxide (PEO)에 대한 연구가 가장 활발하게 이루어 지고 있다. PEO는 분자 내에 존재하는 산소 원자가 Li 이온과 높은 친화성을 가지고 있기 때문에 여타 물질과 비교하여 Li 이온과 잘 융화될 수 있으며, 유리전이온도 (Tg)가 상온보다 낮은 특징을 보유하고 있기 때문에, 상온에서도 활발한 분자의 열 운동이 유도될 수 있으며, 이를 통해 Li 이온이 활발하게 이동할 수 있는 통로를 제공한다는 장점이 있다. 하지만, 산소 원자와 리튬 이온 간의 높은 결합성으로 인한 결정성에 따른 문제점이 해결되야 한다는 특징이 있으며, 이를 해결하기 위해 가교를 도입하는 등 무정형 구조를 형성하는 등 다양한 연구가 진행되고 있다.

2.3. 바인더

바인더는 리튬 이온 전지 내에서 활물질과 도전재, 혹은 전극 코팅층과 금속 집전체 사이를 결착하는 요소이며 전극을 기계적으로 안정화시키는 중요한 역할을 한다. 그 중에서도 최근 가장 활발히 연구되고 있는 분야는 실리콘 기반의 활물질을 사용하는 경우 충방전 사이클 동안 발생하는 전극의 부피 팽창 및 수축을 방지하기 위한 연구라 할 수 있다. 예를 들어 전지의 충방전 과정 중, 리튬이온의 삽입과 탈리 반응은 흑연 및 실리콘 등의 활물질에서는 팽창 및 수축을 야기하며, 이러한 부피 변화의 반복은 전지 내에서 다양한 부반응을 유도할 수 있다. 부피 변화가 반복되는 경우에는 전극 내에 존재하는 활물질 또는 도전재 사이의 결합이 약해지고 입자 간 저항이 증가하게 되는데, 이는 결국 전극의 옴저항 (ohmic resistance)을 상승시키는 원인이 되며 전지의 특성을 감소시키게 된다. 이러한 활물질의 부피 변화에 의한 전지의 특성

변화를 감소시키기 위한 방법으로 다양한 고분자 물질을 활용하여 바인더의 결착력을 상승시키는 방향을 통해 해결하고자 하는 다양한 연구들이 진행 중에 있다.

제조되는 전지의 충방전 구동 중, 전지 내에는 다양한 전기화학적 반응이 수반된다. 이러한 전기 화학적 반응이 일어나는 동안에도 바인더 물질이 우수한 결착력을 유지하기 위하여서는, 전기화학적으로 안정적인 물질이어야 하며, 전지 내부에서 일어나는 산화 및 환원 분위기에서 타 물질들과 반응 혹은 분해되지 않아야 한다. 또한, 앞서 서술하였던 전극의 물리적인 부피 팽창 및 수축 등의 변화를 견디기 위해서는, 적당한 강도 및 탄성(기계적 물성)이 필요하다. 게다가, 바인더 슬러리의 코팅 공정성을 높여 활물질 입자와 금속 집전체 사이에 고루 분포되고 접착성 및 전도성이 우수한 결착을 형성하기 위해서, 적절한 점도 및 분산성이 요구된다.

바인더 물질로는 다양한 고분자 물질들이 주로 사용되고 있다. 양극재 바인더로는 주로 Polyvinylidene difluoride (PVDF)가 보편적으로 사용되며, 음극재 바인더로는 PVDF 및 styrene-butadiene rubber/sodium salt of carboxymethyl cellulose/sodium salt of carboxymethyl cellulose (SBR/CMC)가 주로 이용되고 있다. PVDF는 카보네이트류, 에스테르류 등의 전해질 유기용매에 거의 용해되지 않아 전해질에 대한 안정성이 매우 높으면서도, 슬러리 형성을 위한 용매인 dimethylacetate (DMAc) 혹은 NMP에는 용해성이 매우 높아, 분산성 높은 슬러리 제조가 용이하다는 특징이 있다. 또한, PVDF는 산화 및 환원 분위기에서 전기화학적으로 안정하며 분자량에 비례하여 접착력이 증가한다는 장점이 있으나, 분자량 증가에 따라 슬러리 점도 또한 증가하게 되어 분산성이 감소하고 이는 고온 수명 능력 평가에서 전극 코팅층의 탈리 문제로 이어진다는 문제점이 있다.

SBR 바인더는 PVDF계 바인더보다 더 우수한 접착력을 가지고 있어 에너지 밀도를 높이는 데 용이하다는 특징이 있다. 또한, 전극 내 바인더 함량 조절이 용이하기 때문에, 상대적으로 활물질의 함량을 더 증가시켜 전지 용량을 늘릴 수 있다는 장점이 있다. SBR은 분산매로 물을 사용하기 때문에, 슬러리 분산 이후에 극판 내 물의 함량을 최대한 낮추는 것이 성능 향상에 관건이 되는 문제이며 PVDF바인더보다 적은 양을 사용하여도 전극 제조가 가능하기 때문에 나노 활물질 제조에 좀 더 용이한 특징을 가진다. 한편 수계 SBR 바인더는 현탁액 형태로 미립자가 분산되어 있어서 슬러리 제조 시 점도가 매우 낮으며 혼합 및 코팅 공정에 원활히 이루어지기 힘들기 때문에, 점도를 증가시키고 성능을 높이기 위한 목적으로 CMC를 함께 사용한다.

2.4. Conclusions

본 챕터에서는 리튬 이온 전지에 주로 사용되고 있는 고분자 물질들에 대하여 알아보았다. 리튬 이온 전지의 구동에 있어, 가장 중요한 요인인 구동 전압, 충방전 용량 등의 요소는 유기물에 영향을 받기보다는 무기물의 영향이 지배적이지만, 최근 가장 이슈가 되고 있는 안전성, 충방전 효율, 지속성 등의 요인에 대한 양항은 고분자 물질들의 영향이 지배적이라 할 수 있다. 게다가, 최근에는 더 높은 형태의 안정성을 제공할 수 있는 All-solid LIB를 구현하고자 노력하고 있는데, 이러한 All-solid LIB의 기반은 고분자 물질을 기반으로 하는 고체 전해질로부터 기인한다고 할 수 있다. 이러한 이유로, 더 이상 리튬 이온 전지의 소재 발전은 무기물에 국한된 것이 아닌, 유기 소재, 그 중에서도 고분자 물질의 발전과 필수불가결한 관계에 있으며, 다양한 연구를 필요시 한다고 할 수 있다. 따라서, 리튬 이온 전지에 사용되는 고분자 물질의 다양화, 구조 연구 및 메커니즘에 대한 다양한 연구가 미래지향적인 고효율 리튬 이온 전지 소재 발전에 영향을 줄 수 있을 것이라 사료된다.

Ⅲ. 분리막 개요 및 최근 연구 동향

3.1. Lithium ion battery에서의 separator 개요
3.2. Separator의 필요 특성
3.3. 리튬 이온 전지에서의 분리막의 요구 조건
3.4. 제조 과정
3.5. Types of polymer-based separator
3.6. Conclusions

III. 분리막 개요 및 최근 연구 동향

3.1. Lithium ion battery 에서의 separator 개요

최근 핸드폰, 노트북 등의 작은 크기의 가전 제품부터 전기차, 대용량 에너지 저장 장치 (ESS) 등에 이르기까지 다양한 분야에서의 리튬이온 전지 발전이 이루어지면서, 그 구성요소 중 하나인 분리막에 대한 산업도 많은 발전이 이루어지고 있다. 분리막은 리튬 전지의 필수 요건 중 하나로, 양극과 음극 사이에서 두 전극을 분리하는 역할을 하는 일정 두께를 가진 막을 의미한다. 분리막은 주로 다공성 구조를 가진 고분자 필름으로 이루어져 있으며, 전기전도적으로는 부도체의 특징을 가져, 두 전극이 직접적으로 접촉하여 전자가 흐르는 것은 방지하면서, 이온 전도적으로는 전도성을 보유하고 있어, 리튬 이온을 전달하는 매우 중요한 역할을 한다. 이러한 분리막의 특성은 제조되는 이차 전지의 안전성, 출력 등의 특성과 관련이 깊으며, 이를 향상시키기 위한 다양한 연구가 진행 중에 있다. 본 챕터에서는 크게 3 가지 주제를 가지고 리튬이온 전지에서의 분리막에 대해서 이야기를 해보고자 한다. 첫째, 기본적인 분리막이 보유해야 하는 특성들에 대한 내용을 살펴본 뒤, 둘째, 특성을 형성하기 위한 제조 과정에 대해 살펴보고, 마지막으로 분리막의 형태에 따른 최근 연구 동향을 살펴보고자 한다.

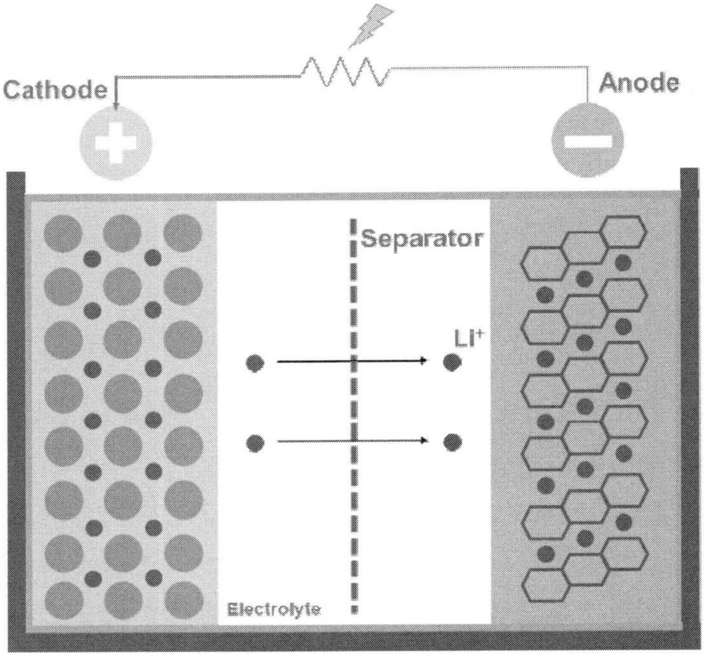

그림 1. Schematic diagram of lithium ion battery.

3.2. Separator 의 필요 특성

1) Chemical stability

화학적 안정성은 일반적으로 고분자 물질로 이루어진 분리막의 요구 조건 중 가장 주요한 요소 중 하나이다. 리튬 이온 전지의 주 구동 메커니즘은 양극/음극의 산화/환원 작용에 따른 전기에너지의 저장과 방출로, 구동 중에 전기화학적 반응이 필수로 수반된다. 이러한 산화/환원 반응은 단연 양극과 음극에서만 일어나는 것이 아닌, 전지의 구성 요소들 사이에서도 다양하게 수반이 되는데, 분리막의 경우, 분리막의 표면에서 분리막과 직접적으로 접촉하는 전해질 용액과의 반응이 일어날 수 있다.[1] 고분자 분리막의 표면을 따라 투입 혹은 제거되는 전자는 고분자 물질의 분해 및 용해를 야기하며, 이러한 분리막의 분해 및 용해는 직접적으로 각 전극을 분리하는 분리막의 특성을 저해한다. 따라서, 이는 전지의 단락으로 이어지며, 전지의 안정성과 밀접한 관계를 가진다.

2) Wettability

고분자 분리막의 젖음성은 크게 두 가지 요소에 영향을 줄 수 있는데, 첫째는 전지의 성능 향상이고, 둘째는 전지 제조 과정에서의 공정적 요소이다. 전지의 성능과 관련하여, 적절한 젖음성을 보유하고 있는 분리막은 액상 전해액을 적절한 속도로 흡수하고, 흡수한 전해액을 다공성의 구조 안에 잘 함유할 수 있다. 흡수된 전해액은 일종의 이온 전도로 이용될 수 있기 때문에, 전지와 분리막의 사이에 발생하는 저항을 낮추는 역할을 하여, 전지 전체의 성능을 상승시키는 역할을 할 수 있다. 전지 제조 공정과 관련해서는, 빠른 젖음 속도는 전지 제조 공정에서의 리튬 이온 전지 조립 공정 속도를 상승시킬 수 있다. 예를 들어, 고분자 분리막의 젖음성이 현저히 낮은 경우에는, 전지 조립 과정에서 분리막의 투입과 전해액의 투입 과정에 많은 시간을 소요하게 하며, 이는 공정 속도를 저하시키는 효과를 가져온다.[1]

분리막의 젖음성의 향상을 위한 방법으로 가장 많이 사용되는 방법은 고분자 분리막의 표면을 처리하는 방법이다. UV 혹은 플라즈마 등의 광처리를 통한 표면 처리 기법을 통하여 물리적으로 분리막의 표면을 처리하는 방법이다.[2][3][4] 이러한 방법의 경우, 전해액 친화성이 낮은 고분자의 표면에 표면처리 기법을 통하여 전해액 친화성이 높아질 수 있는 기능기를 부여하여 고분자와 전해액의 친화성을 상승시킬 수 있다.[5]

3) Thickness

고분자 분리막의 음극과 양극을 구분해주는 기본 특성을 나타내기 위해서는, 일정 수치 이상의 고분자 분리막 두께를 필요시 된다. 상용분리막의 경우 20-25 um 정도의 두께를 통상적인 기준으로 정하고 분리막을 생산하고 있으나, 고출력, 고에너지 전지로 사용되기 위한 분리막의 경우 그보다 더 두꺼운 두께를 형성하기도 한다. 분리막의 두께는 분리막의 기계적 물성과 전지 전체의 안전성과 관련이 있다. 예를 들어, 분리막의 두께가 매우 얇은 경우에는 분리막의 기계적 물성이 매우 낮아지기 때문에, 외부의 충격 (전지 관통, 전지 접힘 등)에 의해 쉽게 찢어지거나 파손될 수 있으므로, 전지의 안전성에 영향을 줄 수 있다. 또한, 전지의 두께가 매우 얇은 경우, 전지 조립 공정에도 영향을 줄 수 있는데, 얇은 두께의 분리막은 공정 도중 다양한 요인에 의해 쉽게 파괴가 될 수 있으며, 정전기 등에 매우 취약하여 공정성 저하에도 영향을 줄 수 있다. 하지만, 무조건적으로 두꺼운 분리막이 더 우수한 분리막 성능을 나타낸다고 할 수는 없다. 일반적으로 분리막의 두께가 더 두꺼워지는 경우, 분리막의 안정성은 상승하지만, 두께의 증가는 분리막의 전기적 저항이 상승에 직접적인 영향을 주며, 이를 통해 분리막의 기본 특성인 이온 전도 특성을 감소시킬 수 있다. 따라서 고출력을 필요시 하는 전지에 이용되기에는 한계로 작용할 수 있다.

4) Porosity

고분자 분리막의 기공성은 분리막이 품을 수 있는 전해액의 전체양과, 이를 통한 전지의 성능에 영향을 준다. 상용 분리막의 기공도는 약 40 %정도로, 대부분 마이크로 크기의 기공을 보유하고 있는 다공성 구조로 이루어져 있다. 기공도 역시 분리막의 두께처럼 적절한 수치를 가지는 것이 매우 중요한데, 만약 매우 큰 기공도를 가지는 경우에는, 분리막의 기본 특성인 양극과 음극을 분리하는 '분리' 특성을 제대로 제공할 수 없기 때문에, 전지 구동과정에서 전지 쇼트 형상을 일으키며, 제조되는 전지의 안전성에 영향을 줄 수 있다.[6] 이와 반대로 매우 낮은 기공도를 가지는 경우, 액상의 전해질을 잘 포함하고 있을 수 없기 때문에, 전지 내부의 저항이 증가하고, 전지의 출력이 감소하는 등, 전체 전지 성능 감소로 이어질 수 있다.

이러한 분리막의 기공도는 전체 고분자 부피에 대한 기공이 가지는 부피의 비라 할 수 있는데, 이론적으로는 다음의 식을 통하여 계산이 가능하다.[1]

$$\left[\text{Porosity (\%)} = 1 - \frac{\dfrac{\textit{sample weight}}{\textit{sample volume}}}{\textit{Polymer density}}\right] x\,100\ \%$$

하지만, 이 식의 경우, 고분자 체인의 밀도를 가지고 계산된 값으로, 실제 고분자 분리막이 가지는 기공을 정확하게 나타내기에는 한계가 있다. 따라서, 실제 기공도를 계산하기 위한 방법으로는 액상 전해액의 함침 전과 함침 후의 무게를 비교하는 방법이 가장 많이 이용되고 있다.[7]

$$\text{Porosity (\%)} = \frac{W - W_0}{\rho_L V_0}\ \text{x}\,100$$

이때, W_0와 W는 분리막의 함침 전, 함침 후의 무게를 각각 나타내며, ρ_L은 함침시킨 용액의 밀도, V_0는 분리막의 실제 부피를 의미한다.

5) Permeability

고상으로 이루어진 분리막에 투과성이 존재하지 않는다면, 이는 매우 높은 전기적 저항을 야기할 수 있고, 곧 전지의 성능 저하로 이어질 수 있다. 고분자 분리막의 투과성은 분리막의 이온전도도와 매우 높은 연관성을 가지고 있으며, 전해액을 머금고 있는 분리막의 저항을 분리막만의 저항으로 나눈 비율을 계산하여 나타내는 MacMullin number를 이용하여 표현할 수 있다.[8][9] 높은 출력을 필요로 하는 전지의 경우, 8 이상의 MacMullin number를 가져야 하지만, 전기차 등에 이용이 될 때는 가능한 한 낮은 값을 가지는 것이 유리하다. 이처럼 용도에 따라 다양한 적절한 값을 가지는 MacMullin number를 실질적으로 구할 수 있는 방법은 Air permeability를 이용하는 방법으로, 이는 일정양의 공기가 일정 압력으로 특정 면적을 통과하는데 걸리는 시간을 표현하는 Gurley number로 나타내 질 수 있다. 낮은 Gurley number는 분리막에 기공이 많아 빠른 속도로 공기가 투과를 할 수 있다는 것을 표현하며, 일반적인 분리막의 Gurley number는 ASTM D726 방법에 따라 25.4μm 당 25초보다 낮은 숫자를 가진다. 전반적인 분리막에 대한 균질한 투과도는 전지의 수명에 영향을 끼칠 수 있으며, 분균질한 투과도의 경우에는 전지의 전류 밀도 분산을 균일하게 인가할 수 없기 때문에, 리튬의 dendrite를 형성하는데 영향을 주어, 전지 수명 감소에 영향을 줄 수 있다.[10]

6) Thermal resistance

일반적으로, 전지 조립에 사용되는 모든 물질들은 조립 이전에 수분을 제거하기 위하여 진공 상에서 약 80 ℃ 열처리를 수반하게 된다. 이

때, 열 수축 정도가 큰 분리막의 경우, 주름이 생기거나, 분리막의 크기가 작아져, 전지 성능을 저하하고, 제조된 전지의 단락을 야기할 수 있다.[11] 따라서, 전지에 사용되는 고분자 분리막은 열 수축 정도가 매우 작아야 한다. 일반적으로는 90 ℃, 60 분의 처리동안 5 % 미만의 수축율을 기준으로 하고 있다. 최근 연구에서는 전지에 과전류 혹은 과전압이 인가되어, 150 ℃ 이상의 고열을 발생시키는 경우의 배터리 폭발을 방지하기 위해, 150 ℃ 이상에서는 고분자 분리막이 녹아 임의로 전지를 단락 시킬 수 있는 소재를 사용하기도 하여, 다양한 수치의 열저항도를 가지고 있는 분리막이 연구되고 있다.[4][12][13][14][15]

3.3. 리튬 이온 전지에서의 분리막의 요구 조건

리튬 이온 전지에서의 분리막은 다양한 역할을 하지만, 크게 2가지 역할을 한다고 할 수 있다. 첫번째로는 적절한 수준의 전기적 저항을 제공해야 하며, 두번째로는 열 특성의 변화에 따른 shot-down 특성을 제공해야 하고, 세번째로는 일정 수준 이상의 puncture strength를 제공해야만 한다. 챕터 3에서는 이 같은 내용을 좀 더 자세하게 살펴보고자 한다.

1) Electrical resistance

리튬 이온 전지에 포함되는 분리막은 1) 적절한 수준의 전기저항을 보유하여 양극/음극을 효과적으로 분리하면서도, 2) 높은 이온 전도도를 보유하여 전지의 성능을 높이는 역할을 해야만 한다. 일반적으로 낮은 전기 전도도 및 높은 저항성을 가지는 경우, 전지의 성능 중, 전지용량,

충방전 속도, 율속, 전지 전체의 저항, 그리고 전지 수명에 영향을 줄 수 있다. 반대로, 높은 전기 전도도/낮은 저항을 가지는 경우에는, 많은 양의 액상 전해액을 포함할 수 있기 때문에, 전지의 성능은 전체적으로 상승할 수 있으나, 양극과 음극을 효과적으로 분리하지 못하기 때문에, 안전성 등의 문제가 발생할 수 있다. 따라서, 전지 설계 단계에서 다양한 요소를 고려하고, 전지의 요구 성능에 적합한 분리막의 전기적 저항을 평가해야만 한다.[1]

2) Thermal and shot down properties

리튬 이온 전지는 충전과 방전에 다양한 종류의 전기화학반응을 수반한다. 이러한 전기화학반응은 다량의 열을 발생시키기 때문에, 전지의 구성요소의 열적 특성에 따라, 성능에 직접적인 영향을 줄 수 있다. 주로 열에 취약한 고분자 물질로 이루어진 분리막의 경우, 다른 소재에 비하여 더 많은 영향을 받을 수 있으며, 이는 전지의 성능 및 안전성과 직결된다고 할 수 있다. 예를 들어 일반적인 고분자 필름의 경우, 전기화학반응에 따라 발생한 열에 의하여 수축 혹은 팽창을 하여 크기가 변화하거나, 고분자 내부에서 발생하는 장력에 의해 분리막이 주름이 지는 현상이 발생할 수 있다. 이렇게 크기가 변화하거나, 주름이 생성된 분리막은 리튬 전지의 단락을 야기시키거나, 리튬이온의 dendrite 형성에 의해 분리막이 관통되는 등, 전지의 안전성에 영향을 줄 수 있다. 따라서, 고분자 분리막은 높은 열 저항을 가지고 있어, 열이 발생하는 도중 수축 혹은 팽창, 그리고 주름을 발생시키지 않아야만 한다.

하지만, 일반적인 온도 범위를 벗어난 일정 온도 이상의 고온 (약 150 ℃)에서의 고분자 필름의 변형은 전지의 안전성을 상승시키는데 이용될 수 있다. 이를 분리막의 Shut-down 특성이라 하는데, Shut-down

특성은 전지의 외부에서 갑작스러운 과 충전 등 현상에 의해 전지의 온도가 급격하게 상승하게 되는 경우, 전지 내부에 있는 고분자 분리막의 열 변형을 통하여 의도적으로 전지의 활성을 저하시켜, 전지가 폭발하는 것을 막아주는 현상을 말한다.[16][17][18][19][20] 예를 들어, 전지가 외부 요인 혹은 내부 요인 등의 요소에 의하여 단락이 일어나게 되는 경우, 전지의 내부 온도는 점차 상승하게 된다. 이러한 전지 내부 온도 상승 현상에 의해 고분자 분리막은 특정 부분이 녹아 고분자 분리막에 존재하는 기공을 막아 전해액을 통한 이온 전도를 차단하여 전지의 활성을 막고, 이를 통하여 전지의 폭발을 효과적으로 차단할 수 있다. 일반적으로는 두 층 혹은 세 층의 고분자 분리막 필름을 사용하여 고분자 분리막을 제조할 때, 고분자의 녹는점이 상대적으로 낮은 고분자 분리막 층을 추가시켜 열변형에 대한 shut-down 특성을 부여할 수 있으며, 주로 이용되는 고분자 물질로는 고온에서도 비교적 안정한 PP와 shut-down 특성을 부여할 수 있는 PE의 조합으로 이루어진다.

3) Puncture strength

리튬 이차 전지에서 고분자 분리막이 사용되기 위해서는 일정 수준 이상의 puncture strength를 보유해야만 한다. Puncture strength는 외부의 요인에 의하여 분리막이 관통 당할 때, 이에 대해 저항하고, 전지의 폭발을 막는 역할을 하는 강도를 의미한다. 예를 들어, 전지 조립 과정에서 전극의 표면에 코팅되어 있는 음극 활물질 혹은 양극 활물질 등이 입자의 형태로 떨어져 나와 분리막을 관통하는 경우가 흔히 있을 수 있는데, 이러한 때에 관통에 대해 저항할 수 있는 일정 수준 이상의 강도를 보유해야만 한다. 일반적으로 대부분의 응용을 위하여 puncture strength는 최소 300 g/mil 이상의 강도를 보유해야만 한다.[21][22][23]

3.4. 제조 과정

일반적으로 고분자 분리막은 크게 네 가지 종류 (Microporous, nonwoven mats, composite, and gel-polymer electrolyte)로 분류될 수 있으며, 이러한 종류의 고분자 분리막을 생산하기 위한 방법으로는 Dry process, wet process, phase inversion, electrospinning, 그리고 melt-blown 등의 다양한 방법이 사용되고 있다. 일반적으로 산업에서 가장 많이 사용되는 방법은 dry process와 wet process로, 넓은 면적의 고분자 분리막을 단시간에 생산할 수 있기 때문에 많이 이용되고 있다. 물론, 두 생산 방법 이외의 방법들도 다양한 고분자 분리막을 생산하는데 이용되고 있으며, 본 챕터에서는 이 생산 방법들의 자세한 방법과, 어떠한 응용이 있는지에 대해 알아보고자 한다.[1]

1) Dry process and Wet process

일반적으로 분리막을 생산하는 방법으로 산업에서 가장 많이 이용되고 있는 방법은 건식 공정과 습식 공정이다.[21][24][25] 두 공정은 모두 고분자 필름을 기반으로 고분자 필름에 건식/습식으로 후처리 과정을 거쳐, 고분자 분리막의 필수 요소 중 하나인 기공성을 부여하는 공정이다. 따라서, 건식 공정과 습식 공정은 microporous 구조를 가지는 분리막의 생산이 가능하며, 약 1800 m가량의 길이를 연속적으로 생산해낼 수 있다.[26] 공정에 주로 사용되는 물질은 polyolefin계열의 고분자들인 PE, PP 등이 사용 가능하며, 혹은 PE/PP, PP/PE/PP 등의 적층 구조의 고분자 필름 생산도 가능하다.

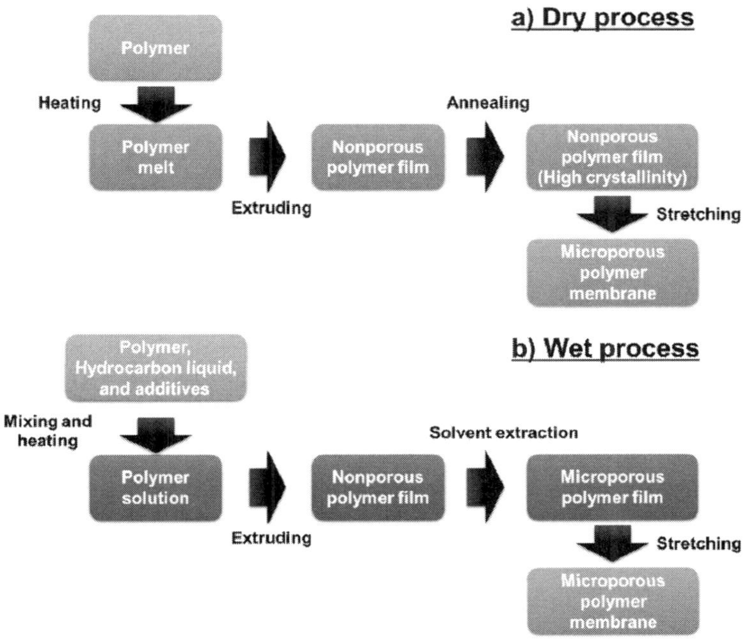

그림 2. Schematic diagrams of a) Dry process, b) Wet process

건식 공정에서는 1) polyolefin계 우선 고온을 이용하여 녹인 후, 2) 이를 extruder를 이용하여 평면상으로 제조한 뒤, 3) 약간의 annealing 과정을 거쳐 고분자상의 결정화도를 상승시킨다. 이후, 4) 낮은 온도에서 한쪽 방향으로 당겨주는 공정을 통하여, 잘 결정화된 고분자에 microporous initiator를 형성한 뒤, 5) 높은 온도에서 한번 더 당겨주는 공정을 통해 매우 촘촘하고 정렬된 micropore들을 형성할 수 있다. 수직으로만 당겨진 경우와 수직/수평으로 당겨진 경우, 방향의 차이에 의해서도 서로 다른 특징을 야기할 수 있는데, 이러한 단 방향, 양 방향 공정은 실제 산업에서 모두 적용되어 이용되고 있지만, 단방향 경우에만 slit-like porous structure가 발견된다. 이러한 경우에는 수직 방향과

수평 방향의 기계적 물성이 매우 달라지게 되는데, 이러한 물성의 종횡 차이는 전지 조립 과정에서 분리막을 다루는데 어려움을 줄 수도 있다. 건식 공정의 경우 일반적으로 batch process를 통해 진행되며, 건식으로 진행되기 때문에 별다른 용매의 사용이 필요하지 않다는 것이 장점이다. 또한, polyolefin film만을 사용하기 때문에, 전지 오염 등에 대한 문제를 효과적으로 배제할 수 있다. 하지만, 이 방법의 경우에는 고분자의 결정성을 활용하여 micropore를 제조하고 이를 이용하기 때문에, semi-crystalline polymer의 일종인 PE와 PP에만 사용이 가능하다는 단점이 있다. 이러한 PE 와 PP microporous 구조를 사용한 분리막으로는 Celgard (Polypore)와 Ube Industries Ltd가 생산을 진행하고 있다.

습식 공정의 경우 크게, 1) polyolefin resin을 plasticizer 혹은 낮은 분자량의 물질 들과 섞고, 2) 이를 고온에서 녹여준 다음, 3) 사출을 통하여 이를 gel-like film으로 제조한 뒤, 4) stretching을 통하여 필름 내에 기공을 형성하고, 5) plasticizer를 휘발성의 용매를 이용하여 추출하는 공정을 통하여 micropore 구조를 형성한다. Stretching 공정은 추출 공정 이후, 혹은 이전 모두 가능한데, 추출 공정 이전에 stretching 공정을 거치는 경우에는, 좀 더 작은 기공크기를 갖고 좁은 기공 크기 분포도를 갖는다. 건식 공정에 비하여 습식 공정은 조금 더 다양한 고분자 (semi-crystalline, amorphous)를 사용 가능하고, 다양한 공정 변수 제어가 가능하며, 연속공정이 가능하다는 장점이 있다. 하지만, 분리막의 기본 물질인 고분자 필름 이외에도, 용매, plasticizer 등의 물질이 추가로 필요하여 공정 비용이 증가하고, 상대적으로 공정 비용이 비싼 용매 추출 공정이 추가된다는 점에서 공정 비용을 상승시킬 수 있다는 단점이 있다. 그럼에도 불구하고, plasticizer를 사용하기 때문에, Ultrahigh-molecular-weight polyethylene (UHMWPE)와 같은 높은 물성을 가지지만 점도가 매우 높아 기존에 사용이 힘들던 고분자 물질들을

사용할 수 있다는 장점 때문에도 많이 사용되고 있다.[27]

세계 고분자 분리막 시장은 대략 80 % 가 습식 공정을 통하여 제조되고 있으며, 대표적인 업체로는 Asahi Kasei, Toray, Mitsui Chemicals, 그리고 Entek 등이 이 공정을 이용하여 고분자 분리막을 제조하고 있다.

2) Phase inversion

Phase inversion은 고분자를 이용하여 porous 구조를 형성하기 위한 방법으로 오랫동안 이용되어 왔던 방법이다. 이 방법은 stretching 공정이 없이 다수의 기공을 형성할 수 있는 방법으로, 처리 과정에서 고분자 필름의 열 수축과, 공정 도중 생성되는 결함을 최소화할 수 있다는 장점이 있다. 일반적으로 용매에 녹아 있는 고분자 용액을 이용하여 얇은 필름 위에 캐스팅하여 고분자 필름을 생성한 후, 이를 coagulation bath, 즉 고분자의 non-solvent가 존재하는 곳으로 이동하여 coagulation을 진행한다. 이 때, solvent와 non-solvent가 서로 혼합이 가능하다면, 물질 교환을 통하여 열역학적인 metastable 상태와 unstable 상태를 야기하며, 이를 통하여 porous 구조를 형성할 수 있다. 따라서, 이 공정에서는 두 용매 (solvent와 non-solvent)의 특성이 매우 중요하고, 이 특성에 따라 형성되는 기공의 형태에도 매우 큰 영향을 끼칠 수 있다.[28] 이 공정을 활용한 분리막 제조 예시로, Poly(vinylidene fluoride) (PVdF)을 기반으로 하는 PVdF-CTFE, 혹은 PVdF-HFP, Polyacrylonitile (PAN), 그리고 polyimide 등을 이용하여 microporous 분리막을 제조한 사례가 보고되었다.[28][29][30][31]

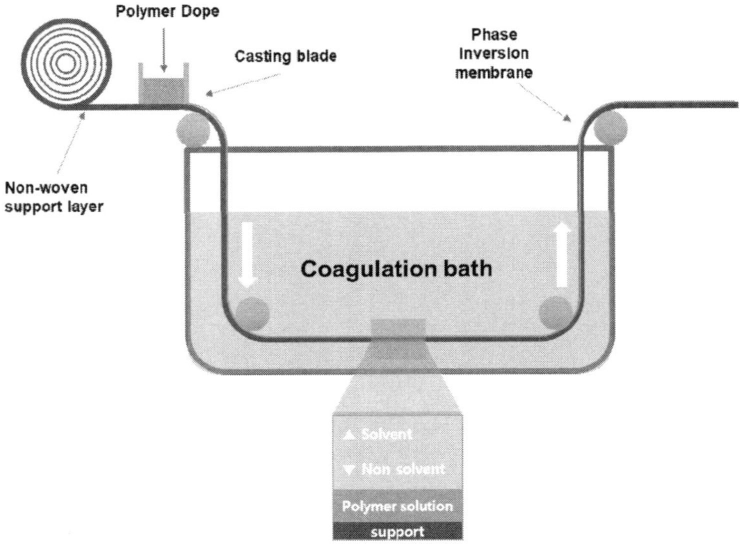

그림 3. Schematic diagram of phase inversion method to prepare the microporous membrane.

또 다른 phase inversion 방법으로는 solvent-evaporation-induced phase separation 방법이 있다. 이 방법의 경우, 고분자를 휘발성이 강한 용매와 약한 용매의 혼합 용액에 녹인 뒤, 이를 평평한 표면 위에 코팅하면서 휘발성이 강한 용매를 제거함으로 고상의 필름을 제조하고, 남아있는 휘발성이 약한 용매를 제거함으로써 다공성 구조를 형성할 수 있다.[32][33]

3) Wet-laid and dry-laid

Wet-laid 및 Dry-laid 방법의 경우, 짧은 고분자 섬유들을 이용하여 고분자 부직포형을 제조하는 방법으로, 고분자 섬유의 이동상으로 용매 혹은 공기를 사용하는지에 따라 wet-laid와 dry-laid 방식으로 나뉜다.

예를 들어, wet-laid 방식의 경우, 고대에 종이를 제조하는 방법과 유사하게, 짧은 고분자 섬유를 물과 같은 액체에 분산시킨 후, 이를 잘 펼쳐 시트 형태로 제조하고, 분산 액체를 건조 시키고, 섬유들을 서로 부착하는 방법을 통하여 부직포형의 고분자 분리막을 제조할 수 있다.[34][35][36][37] 이러한 wet-laid 공정을 이용하는 고분자 분리막 생산은, 부직포형의 고기공성 고분자 분리막을 매우 빠른 속도로 생산할 수 있다는 장점이 있으며, 비교적 균질한 형태의 분리막을 생산할 수 있다. Wet-laid 공정에서 가장 흔히 이용되는 bonding agent는 water-based emulsion 혹은 crosslinkable polymer의 dispersion (“Latex”) 형태로, 그 물질로는 polyacrylate, styrene-butadiene polymer 등이 사용된다. 약 5-10 %의 부직포형 분리막이 wet-laid 공정을 이용하여 생산되며, 그 예시로 Kritzer 사에서 생산하는 Polyester mat를 기반으로 하는 고분자 분리막을 들 수 있다. 이러한 방법을 통하여 생산된 고분자 분리막의 경우, 높은 열적, 전기화학적 안정성을 가지지만, 기공의 크기가 매우 크기 때문에, 고분자 분리막에 직접적으로는 사용이 불가능하고, 다층 분리막의 supporting layer로 주로 이용되고 있다.

Dry-laid의 경우, wet-laid 공정의 이동상 액체를 공기로 변환한 형태로, 공기가 투과할 수 있는 conveyor belt를 통과하여, 고분자 섬유를 배열한 뒤, 이를 열적, 기계적, 혹은 화학적 처리를 통하여 접착하는 방법을 통하여 생산된다. 예를 들어, 화학적 접착을 이용하는 방법의 경우, 액상의 접착제를 제조된 부직포형 고분자 멤브레인에 투과시키는 방법으로 접착하여 부직포형 고분자 분리막을 생성할 수 있다.

4) Melt-blown/electrospun process

Melt-blown/electrospun process는 부직포형 고분자 분리막을 생성하기 위한 방법으로, 고분자 filament를 열을 이용하여 용융한 후, 용융된 고분자 멜트를 공기/전기를 이용하여 마이크로/나노 섬유화하고, 이를 포집하고 부직포형 고분자 분리막을 만드는 방법이다. 고온의 온도로 용융된 고분자 멜트를 extruder를 이용하여 노즐로 공급하여 고분자 멜트를 연속적으로 공급하고, 공급된 고분자 멜트에 공기/혹은 전기적 힘을 인가하여, 고분자 멜트를 늘려 고분자 나노 섬유를 형성할 수 있다. 형성된 고분자 나노 섬유는, 찬 외부 공기와 접촉하며 점차 고형화 되고, collector에 부직포형의 고분자 분리막으로 포집된다. 얻어진 부직포형 고분자 분리막은 일정 크기 이상의 기계적 물성을 확보하기 위하여 열/압력 처리를 통하여 섬유상을 부착할 수 있다. 일반적으로 얇고, 기계적 물성이 좋은 고분자 분리막을 형성하기 위하여 polyester, polyamide, 그리고 polymethylpenten 등의 고분자 등이 원료로 사용되고 있으며, 이들의 copolymer 들도 이용되고 있다.[38][39]

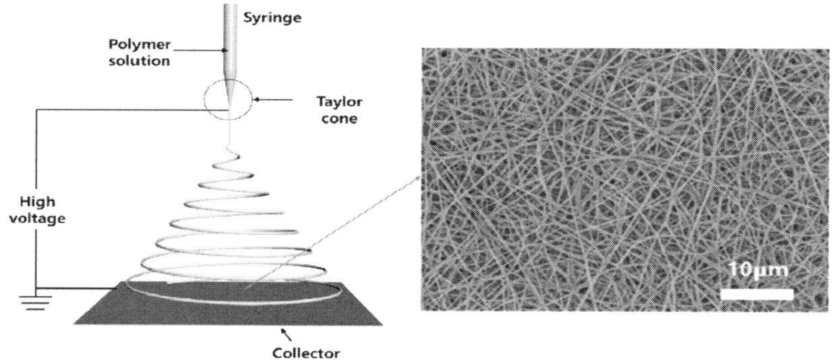

그림 4. Schematic diagram of electrospinning process and SEM image of nonwoven nanofiber web.

전기방사는 특정 용매에 용해되어 있는 고분자 용액을 주사기와 니들을 이용하여 고분자 액적을 형성하고, 그 액적에 고전압의 전기 에너지를 인가하여 나노 섬유화 하는 방법이다.[40][41][42][43] 전기방사 기법은 다른 여타의 고분자 섬유 생성 방법에 비하여 간단하고, 다양한 고분자의 이용이 가능하며, 나노 미터 스케일부터 마이크로 미터 스케일의 다양한 크기의 섬유를 생산할 수 있다는 장점이 있기 때문에 고분자 분리막 분야에서 많이 이용되고 있다. 일반적인 전기방사 기구의 구성은 고전압의 전압 인가 기기, 용액 주입을 위한 주사기와 시린지 펌프, 니들, 접지가 이루어진 collector, 그리고 고분자 용액으로 이루어져 있는데, 시린지 펌프를 이용해 니들 끝으로 공급된 고분자 용액은, 용액의 표면장력에 의하여 고분자 액적을 형성한다. 이 고분자 액적에 고전압의 전기 에너지가 인가되는 경우, 전기 에너지를 통하여 공급된 전하가 고분자 액적의 표면에 축적되기 시작한다. 이때, 고분자 액적의 표면이 보유할 수 있는 최대 전하의 수를 넘어서게 되면, 고분자 액적은 비표면적을 증가시키기 위한 방법으로 고분자 젯을 발사하게 된다. 발사된 고분자 젯은 매우 가는 고분자 섬유로 변화하며, 용매를 제거하며 접지가 이루어진 collector의 표면에 쌓이며 부직포 형의 고분자 섬유 web을 형성하게 된다. 이렇게 형성된 고분자 나노 섬유 web은 상용화된 nonwoven mat에 비해 높은 기공도, 높은 투과도, 작은 기공 크기를 가지며, 리튬이온 전지의 분리막 소재로 쓰이기 매우 좋은 특성을 가지게 된다. 매우 다양한 고분자 물질을 이용한 전기방사기반 부직포형 분리막이 개발되었으며, 그 예시로는 Polyacrylonitrile (PAN), Poly (vinylidene fluoride) (PVdF), Polyethylene terephthalate (PET) 등이 연구되고 있다.[44][45][46][47]

3.5. Types of polymer-based separator

1) Monolayered membrane

일반적으로 가장 많이 사용되는 간단한 형태의 분리막 형태는 단일 물질로 구성되어 있는 다공성 막을 이용하는 monolayer membrane 형태이다. 다양한 고분자 물질의 물리적/화학적 물성에 따라 다양한 기계적/열적 물성의 부여가 가능하다. 그 중에서도 가장 많이 사용되고, 상용화되어 있는 물질군은 polyolefin 계열의 고분자 물질들로, 대표적으로 PE와 PP가 사용되며, 비교적 높은 기계적 강도와 높은 화학적 안정성을 보유하고, 게다가 가격도 매우 저렴한 편에 속하기 때문에 많이 이용되고 있다. 이러한 olefin 고분자 분리막의 경우, pore volume과 pore diameter가 상승함에 따라, 액상의 전해액이 처리된 이후 더 높은 conductivity를 제공할 수 있는데, 이러한 membrane의 형태는 낮은 C-rate에서는 전지 성능에 큰 영향을 끼치지 않았지만, 많은 기공과 큰 기공 크기가 제공되기 때문에 높은 C-rate 상에서는 charge capacity의 상승에 소폭 영향을 줄 수도 있었다. 또한, PP와 PE membrane의 안전성의 경우, charge-discharge 이후에 soft-nail penetration test를 통하여 확인할 수 있는데, PP membrane의 경우, 200 cycle 충/방전 이후 soft-nail penetration test에 대하여 폭발하는 특성을 나타냈지만, PE의 경우, 130 ℃의 낮은 shutdown 온도를 보유하기 때문에, soft-nail penetration test 이후에도 전지 폭발이 일어나지 않는 특성을 확인할 수 있었다. 이러한 polyolefin 계의 장점을 활용하면서도, 단점을 최소화할 수 있는 방법으로 다른 종류의 고분자를 blending 하는 방법을 통하여 조절할 수 있다. 예를 들어, PE를 High-density polyethylene (HDPE) 혹은 ultra-high molecular weight polyethylene (UHMWPE)와 혼합하는 경우, HDPE와 UHMWPE의 함량 증가에 따라 고분자 분리막의 기계적 물성이 증가하는 것을 확인할 수 있었다.[27]

Polyolefin은 매우 저렴하고, 다양한 장점들 때문에 가장 흔히 이용되고 있지만, 열적 안정성이 낮은 편이고, 낮은 젖음성을 갖고, 그리고 좋지 않은 전해액 유지성을 갖는 등의 특징을 보유하고 있기 때문에, 고성능 전지에 이용되기에는 한계가 있다. 따라서, 이러한 polyolefin 이외의 다른 고분자 물질들을 활용한 LIB 분리막 제조에 대한 연구도 활발히 진행되고 있다. 가장 많은 연구가 이루어지고 있는 고분자 물질은 크게 3 가지 물질로 Poly(vinylidene fluoride) (PVDF), polyacrylonitrile (PAN), Poly(methyl methacrylate) (PMMA) 등이 있다.

PVDF를 활용한 고분자 분리막의 경우, 기계적으로나 화학적으로 매우 안정한 특성을 가지며, 매우 좋은 젖음성을 갖고 있다. 따라서, 높은 이온 전도성을 제공할 수 있기 때문에 고성능 전지에 사용될 수 있는 가능성을 가지고 있다. Magistris 연구팀은 phase inversion 방법을 이용하여 제조한 다공성 PVDF membrane을 활용하여 LIB용 고분자 분리막을 제조하였는데,[48] 이렇게 제조한 PVDF 다공성 분리막은, 전해액을 기공에 함유할 수 있을 뿐만 아니라, PVDF 구조 내로 흡수하여 PVDF의 Swollen gel 구조를 형성할 수 있기 때문에 높은 이온전도도를 가질 수 있음을 확인하였다. 하지만, PVDF가 LIB 분리막으로 이용되는 경우, PVDF 내에 존재하는 불소 이온에 의해 때때로 LiF를 형성하여 전지 성능을 저하시키는 역할을 할 수도 있다.

PAN을 이용한 membrane의 경우, 좋은 공정성, 높은 열적 안정성, 전해액 흡수를 위한 적절한 기공 형태, 전기화학적 안전성, 전극과의 높은 친화도를 제공할 수 있기 때문에, LIB 분리막 응용에 많이 이용된 고분자 중 하나이다. 게다가 PAN은 그 고분자 체인 내부에 Nitrile (-C≡N) 기능기를 보유하고 있기 때문에, 능동적으로 리튬 이온 전달에 참여할 수 있기 때문에, 이온 전도용 고분자 매트릭스로도 사용될 수 있다. 또한, PAN membrane은 충방전 도중 생성되는 Li dendrite의 형성도 효과적으로 감소시킬 수 있다. 하지만, PAN membrane의 경우, 장기간 전지를 보관할 경우, 전해액이 누출될 수 있는 가능성이 있으며, 이러한 제한을 넘어서기 위한 연구가 계속해서 진행중이다.

앞서 언급한 PVDF, PAN 과 같이 PMMA도 역시 다공성 membrane을 형성한 구조를 이용하여 고분자 분리막 소재로 이용된다. PMMA는 높은 전해액과의 친화도를 가지는 특성을 가지고 있으며, 이로 인해, 높은 ionic conductivity를 제공할 수 있다. 이렇게 PMMA로 만들어진 고분자 분리막의 높은 열 안정성 및 전기화학적 안전성을 제공하지만, 외부 요인에 의해 쉽게 부숴지는 등 기계적 물성이 적합하지 않기 때문에, 실제 산업에서 이용하기에는 제한이 있다고 할 수 있다.

높은 결정화도를 가지는 고분자의 경우, 분리막으로 사용되는 경우 전지 내부 저항을 상승시키는 효과를 가져오기 때문에, 분리막 소재로 사용되기 어렵다. 일반적으로 고분자가 높은 결정성을 가지는 경우, 결정화 부분이 리튬 이온의 이동을 방해하는 요소로 작용하기 때문에, 전지 내의 저항을 상승시킨다. 따라서, 낮은 충방전 용량을 가지게 하거나, 좋지 않은 C-rate 값을 가지게 된다. 이러한 결정성을 낮추면서, 이온전도도를 상승시키기 위한 방법으로 다양한 종류의 공중합체 들이 다공성 멤브레인 분리막으로 사용되고 있으며, 그 예시로 poly(vinylidene fluoride-co-hexafluoropropylene) (PVDF-co-HFP),[29][49][50] Poly (hydroxyethyl acrylate-co-acrylonitrile) (PHEA-co-AN),[51] Poly(methyl methacrylate-acrylonitrile-vinyl acetate) (PMMA-AN-Vac),[52] 그리고 Poly(acrylonitrile-methyl methacrylate) (PAN-MMA)[53] 등이 있다. 그 중에서도, PVDF-co-HFP의 경우 가장 연구가 활발히 진행되고 있는 고분자 물질로써, 높은 전해액 친화도를 가지고, 좋은 전기화학적 안정성,

그리고 전극에 대한 적절한 접합성을 제공한다. 또한, 결정성이 낮은 HFP phase가 투입되면서, 고 결정성 PVDF의 결정화도를 소폭 감소시키면서도 다량의 전해액을 포함할 수 있게 해준다. PVDF-co-HFP는 높은 dielectric constant와 electron withdrawing fluorine atom을 보유하고 있는데, 이러한 현상은 lithium salt를 lithium ion으로 분리시키는데 도움을 줄 수 있다.

이러한 공중합체 이외에도, 고분자의 블렌딩 방식을 이용하여서도 결정성을 낮추고 이온 전도도를 상승시키는 효과를 가져올 수 있다. 예를 들어, PVDF-co-HFP와 PAN을 blending 하는 경우, PAN 비율이 증가함에 따라, membrane의 이온 전도도가 상승하는 것을 확인할 수 있었으며, PAN과 PVDF만을 이용하여 제조된 분리막에 비해 열적 안정성이 증가하고, 전지 용량 또한 증가하는 것을 확인할 수 있었다.

2) Modified porous separator

최근 산업에서 가장 많이 사용되는 고분자 분리막의 원료는 앞서 언급한 polyolefin 계열이고, 그 중에서도 다공성 PE와 PP membrane이 가장 많이 사용되고 있다. 하지만, polyolefin 계열의 membrane 분리막의 경우, 비교적 낮은 열적 안정성을 가지고, 낮은 젖음성, 그리고 불충분한 전해액 보존력을 제공한다. 따라서, 이러한 특성들을 넘어서기 위한 방법으로 다양한 처리 방법들이 사용되고 있다.

그 중 가장 간단하고 효과적인 처리 방법은, 다공성 polyolefin membrane의 표면 처리를 통하여 membrane의 표면 특성을 변화시키는 방법이다. 예를 들어, polyolefin membrane의 표면을 hydrophilic monomer의 grafting을 통하여 표면 특성을 변화시킬 수 있는데, PE membrane의 표면에 acrylonitrile monomer를 plasma 처리를 통하여

grafting 하는 경우, 표면 처리된 AN의 영향으로 hydrophilicity가 상승하고, 이로 인하여 전해액의 젖음성과 보존력이 상승하는 효과를 가져올 수 있었다. Plasma 이외에도, Electron beam, Gamma ray, UV, 그리고 coating 등의 방법을 통하여서도 고분자 분리막의 표면 특성 변화를 유도할 수 있으며, 이러한 특성을 통해 분리막의 젖음성을 조절함으로써, 더 좋은 성능을 제공하는 고분자 분리막을 제조할 수 있었다.

3) Multilayered separators

단일층으로 이루어진 monolayer membrane의 경우, 그 두께가 매우 얇고, 고분자 물질 종류에 따라 그 특성을 조절할 수 있지만, 단일 물질을 이용해서는 기계적 특성을 조절하거나, 열적 안정성, 그리고 전기화학적 안전성을 조절하기는 어려운 특성이 있다. 따라서, 고성능 배터리에 사용하기에는 제한점이 매우 많다. 이러한 한계를 넘어서기 위하여 단일 층으로 이루어진 멤브레인 형태 이외에 두 개 이상의 고분자 분리막을 적층 함으로 이러한 제한점들을 넘어서기 위한 연구가 진행되고 있다. 다층 고분자 멤브레인 (Multilayer membrane)은 dip coating, lamination, slot die, gravure, casting, phase inversion 등의 방법을 이용하여 제조할 수 있다.[54][55]

일반적으로 가장 많이 사용되는 다층 고분자 멤브레인의 경우, PP와 PE를 이용하여 제조한 bilayer 혹은 trilayer 형태로, 전지의 기능 문제로 인해 전지 내부의 온도가 상승하는 경우, 녹는점이 낮은 PE 층이 녹아 다공성 PP 멤브레인의 기공을 막고, 이를 통해 이온의 전도를 차단하는 역할을 할 수 있다. 동시에, PP 멤브레인은 상대적으로 열에 대한 안정성이 높기 때문에, 전지 내부의 온도 상승을 견뎌내며, 기계적 물성을 유지하여, 두 전극의 단락이 일어나지 않게 할 수 있다. 따라서, 대부분의 다층 고분자 멤브레인은 제조된 고분자 분리막의 안정성을 향상시키는 역할을 할 수 있다.

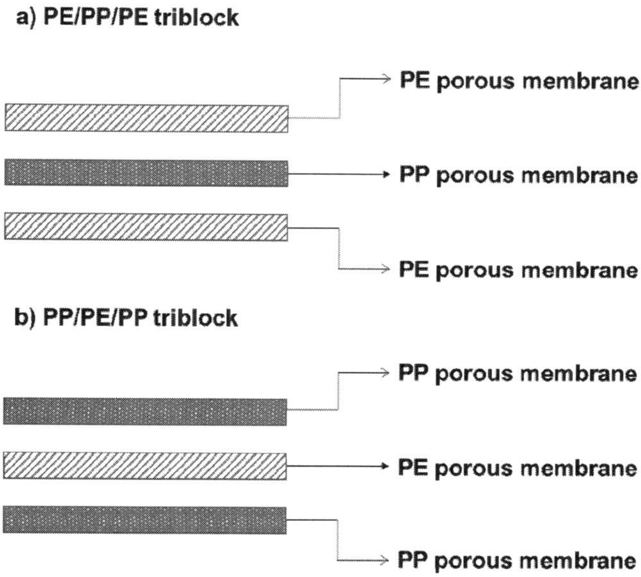

그림 5. Schematic diagram of
a) PE/PP/PE triblock, and b) PP/PE/PP triblock membrane.

다공성을 가지는 고분자 멤브레인 이외에도, 최근 부직포 타입의 고분자 멤브레인의 다층 구조를 이용하는 방법에 대한 연구도 진행되고 있다. 예를 들어, Raghavan 연구팀은 PVDF-HFP nanofiber와 PAN nanofiber를 다층 구조의 각 층으로 이용하여 고분자 분리막을 제조하였다.[56] 연구팀은 PVDF-co-HFP nanofiber와 PAN nanofiber의 trilayer 구조를 이용하여, PAN nanofiber의 특징인 높은 전해액 흡수도를 가지는 특징과, PVDF의 높은 기계적물성을 함께 보유하는 고분자 분리막을 제조할 수 있었다.

Electroactive polymer는 coating layer로 사용하여 다공성 고분자 분리막의 과충전시 shut-down 특성을 향상시킬 수도 있다. Electroactive polymer는 일반적으로 conductive polymer들의 중합을 통해 얻을 수 있는데 그 예시로는, Poly(3-butylthiophene) (P3BT), Poly(3-decylthiophene) (P3DT), 그리고 Poly(triphenylamine) (PTPAn) 등이 있다. 적절한 두께로 코팅된 electroactive polymer는 전지의 과전압이 인가되는 경우, conductive state에서 insulating state로 변화되어, 전지의 과전압을 효과적으로 막을 수 있는 효과를 가진다. 게다가, 이러한 electroactive polymer membrane은 기존의 과전압 방지용 layer와는 다르게, charge-discharge cycle 가운데, 큰 영향 없이 이러한 state를 가역적으로 변화할 수 있다는 특징이 있다.[57]

고분자 분리막의 다층구조 이외에도 nanoparticle을 코팅하는 방법을 통해 다층 구조 분리막을 제조할 수 있다. Huai 연구팀과 Park 연구팀은 각각 올레핀계 부직포형 분리막의 표면에 PAN nanoparticle, PMMA nanoparticle이 코팅된 다층 구조 고분자 분리막을 제조하였다.[58][59] 이렇게 고분자 입자가 처리된 분리막의 경우, 기존 올레핀계 부직포형 분리막에 비해 좋은 젖음성과 높은 이온 전도도를 가질 수 있었다.

4) Non-woven separator

부직포형의 고분자 분리막은 무작위적으로 배열된 나노 섬유의 묶음으로 이루어져 있으며, 나노 섬유의 화학적/물리적 접착을 통해 하나의 멤브레인 형태로 이루어 질 수 있다. 고전적인 부직포를 제조하는 방법은 melt-blown 방법과 같은 건식 방법과, wet-laid method 그리고, papermaking method 등의 습식 방법이 있지만, 이러한 고전적 방식들의 경우 상대적으로 높은 섬유 직경과 분리막 기공을 가지기 때문에,

리튬 이온 전지에 이용되기에는 한계가 있다.

섬유의 직경을 줄이고, 분리막의 기공을 감소시키기 위한 방법으로 최근 가장 많이 사용되는 방법은 전기방사 기법 (electrospinning)이다. 전기방사는 기본적으로 고분자 melt, 혹은 고분자 용액을 고전압을 이용하여 늘려주는 방식을 활용한 방식으로, 일반적으로는 고전압 발생기, 주사기, 주사기 노즐, 그리고 접지된 상태의 포집체 등의 간단한 기구를 이용하여 생산할 수 있다. 전기방사를 통하여 생산된 부직포형 고분자 멤브레인의 경우, 리튬 이온 전지에 사용되기 좋은 특성들을 포함하고 있는데, 높은 기공도를 가지면서도 작은 기공 크기를 가지며, open pore 구조를 가지고, 높은 permeability, 그리고 넓은 surface area를 가진다. 전기방사 공정을 활용한 부직포형 멤브레인은 다양한 종류의 고분자 물질을 활용하여 제조될 수 있는데, 일반적으로 가장 많이 사용되는 물질의 경우 PE, PP와 같은 polyolefin 계 물질들과, Polyamide, Poly (tetrafluoroethylene) (PTFE), Polyvinylidene fluoride (PVdF), 그리고 Poly(Vinyl chloride) (PVC) 등이 사용되고 있다.

최근 연구에서는 상용화된 고분자 물질 이외에도 다양한 물질을 전기방사 공정에 적용하여 부직포형 멤브레인을 제조하고, 이를 리튬 이온 전지에 이용하고자 하는 연구가 많이 진행되고 있다. 예를 들어, PVDF의 공중합체인 PVDF-co-HFP를 활용하여 부직포형 멤브레인을 제조할 수 있었다. PVDF-co-HFP 나노 섬유의 경우, PVDF nanofiber가 가진 특성과 비슷하게, 섬유 내부에 액상 전해액을 포함할 수 있는 특징을 가지고 있으면서도, HFP의 공중합에 의해 낮은 결정화도를 가지기 때문에, PVDF와 달리 높은 전도도와 안정성을 확보할 수 있었다.

또 다른 예시로, poly(vinylidene fluoride)-graft-poly(tert-butyl acrylate) (PVDF-g-tBA)를 활용하여 부직포형 멤브레인을 제조하여 리튬 이온 전지에 사용한 예시도 있다.[60] 이렇게 제조된 물질의 경우,

PVDF-co-HFP와 비슷하게, 낮은 결정화도를 보유하면서도, PVDF의 기계적 물성을 그대로 활용할 수 있기 때문에, 높은 이온 전도도 및 높은 전기화학적 안정성, 그리고 증가된 충방전 성능을 확보할 수 있었다.[61]

액상 전해액에 대한 친화도를 증가시키면서도, 높은 기계적 물성을 확보하기 위해 고분자 blend를 활용한 예시도 있다. Rao group은 PAN/PMMA blend를 활용하여 전기방사를 진행하고 이를 통해 부직포형 분리막을 제조할 수 있었는데,[62] PAN/PMMA blend를 사용하여 전기방사를 진행하는 경우에, 동일한 조건 하에, PAN을 방사하는 경우보다 더 작은 섬유 직경과 이를 통한 높은 기공도를 확보할 수 있었다. 또한, PMMA의 양이 증가함에 따라, 제조된 부직포형 멤브레인은 좀더 높은 전해질 친화도를 가질 수 있었으며, 이를 통해 높은 전해액 흡수도, 높은 이온 전도도를 포함하였고, 전지로 조립된 경우에도 증가된 충방전 효율을 확보할 수 있었다.

최근에는 기존에 많이 사용되는 PVDF, PAN, PMMA 이외에도 Polyimide, Nylon, polysulfonamide, Polyethylene terephthalate 등의 새로운 고분자를 분리막 소재로 사용하기 위한 노력들이 계속해서 진행되고 있다. 이러한 고분자 소재들은 기존 고분자 소재들에 비해 높은 열적 안정성을 포함하고 있는 경우가 대부분이기 때문에, 이를 통해 발생하는 제조된 전지의 고온 안정성 및 고출력 전지로의 응용 등에 활용되고 있다.

하지만, 대부분의 전기방사를 통해 제조된 부직포형 고분자 분리막은 리튬 이온 전지에 사용되기 위해 적합한 구조 및 특성을 포함하고 있으나, 기존 다공성 멤브레인 등에 비해서는 약한 기계적 물성을 가지고 있기 때문에, 전지 조립 공정에서의 정전기, 바람, 충격 등의 요소에 의해 쉽게 구조가 망가질 수 있는 특성이 존재하고, 대량 생산에 대한 이슈가 존재하기 때문에 더 많은 발전이 필요하다고 할 수 있다.

3.6. Conclusions

본 챕터에서는 리튬 이온 전지의 구성요소 중 고분자 물질 사용 비중이 가장 높은 고분자 분리막의 특성, 필요 요소, 제조 방법, 그리고 형태에 따른 분류 및 최근 연구 동향에 대해 알아보았다. 매우 다양한 종류의 고분자 물질과 제조 방법을 통해, 다양한 종류의 고분자 분리막이 생산 및 사용되고 있으며, 이는 리튬 이온 전지에서 안정성 및 출력 등의 성능에 매우 큰 영향을 끼치는 것을 확인할 수 있었다. 따라서, 앞으로 고분자 산업이 더욱 발전함에 따라, 고분자 분리막 소재 산업도 함께 발전할 것이며, 이를 통해 더 높은 성능을 보유하는 리튬 이온 전지 또한 제조될 수 있을 것이라 사료된다.

References

[1] Arora, P. & Zhang, Z. Battery Separators. *Chemical Reviews* **104**, 4419-4462, doi:10.1021/cr020738u (2004).

[2] Jin, S. Y., Manuel, J., Zhao, X., Park, W. H. & Ahn, J.-H. Surface-modified polyethylene separator via oxygen plasma treatment for lithium ion battery. *Journal of Industrial and Engineering Chemistry* **45**, 15-21, doi:https://doi.org/10.1016/j.jiec.2016.08.021(2017).

[3] Kim, J. Y., Lee, Y. & Lim, D. Y. Plasma-modified polyethylene membrane as a separator for lithium-ion polymer battery. *Electrochimica Acta* **54**, 3714-3719 (2009).

[4] Chung, Y., Yoo, S. & Kim, C. Enhancement of meltdown temperature of the polyethylene lithium-ion battery separator via surface coating with polymers having high thermal resistance. *Industrial Engineering Chemistry Research* **48**, 4346-4351 (2009).

[5] Jeon, H. *et al.* Plasma-assisted water-based Al2O3 ceramic coating for polyethylene-based microporous separators for lithium metal secondary batteries. *Electrochimica Acta* **212**, 649-656 (2016).

[6] Rajagopalan Kannan, D. R., Terala, P. K., Moss, P. L. & Weatherspoon, M. H. Analysis of the Separator Thickness and Porosity on the Performance of Lithium-Ion Batteries. *International Journal of Electrochemistry* **2018**, 7, doi:10.1155/2018/1925708 (2018).

[7] Zhang, H., Wang, X. & Liang, Y. Preparation and characterization of a Lithium-ion battery separator from cellulose nanofibers. *Heliyon* **1**, e00032 (2015).

[8] Abraham, K. M. Directions in secondary lithium battery research and development. *Electrochimica Acta* **38**, 1233-1248, doi:https://doi.org/10.1016/0013-4686(93)80054-4(1993).

[9] Patel, K. K., Paulsen, J. M. & Desilvestro, J. Numerical simulation of porous networks in relation to battery electrodes and separators. *Journal of Power Sources* **122**, 144-152, doi:https://doi.org/10.1016/S0378-7753(03)00399-9(2003).

[10] Deimede, V. & Elmasides, C. Separators for lithium-ion batteries: a review on the

production processes and recent developments. *Energy technology* **3**, 453-468 (2015).

[11] Xiong, B., Chen, R., Zeng, F., Kang, J. & Men, Y. Thermal shrinkage and microscopic shutdown mechanism of polypropylene separator for lithium-ion battery: In-situ ultra-small angle X-ray scattering study. *Journal of Membrane Science* **545**, 213-220 (2018).

[12] Zhang, H., Lin, C.-E., Zhou, M.-Y., John, A. E. & Zhu, B.-K. High thermal resistance polyimide separators prepared via soluble precusor and non-solvent induced phase separation process for lithium ion batteries. *Electrochimica Acta* **187**, 125-133, doi:https://doi.org/10.1016/j.electacta.2015.11.028(2016).

[13] Shi, C., Zhang, P., Chen, L., Yang, P. & Zhao, J. Effect of a thin ceramic-coating layer on thermal and electrochemical properties of polyethylene separator for lithium-ion batteries. *Journal of Power Sources* **270**, 547-553 (2014).

[14] Zhang, J. *et al.* Sustainable, heat-resistant and flame-retardant cellulose-based composite separator for high-performance lithium ion battery. *Scientific reports* **4**, 3935 (2014).

[15] Shi, J.-L. *et al.* Improved thermal and electrochemical performances of PMMA modified PE separator skeleton prepared via dopamine-initiated ATRP for lithium ion batteries. *Journal of membrane science* **437**, 160-168 (2013).

[16] Ji, W., Jiang, B., Ai, F., Yang, H. & Ai, X. Temperature-responsive microspheres-coated separator for thermal shutdown protection of lithium ion batteries. *RSC Advances* **5**, 172-176 (2015).

[17] Yu, W.-C. (Google Patents, 1997).

[18] Kim, Y., Lee, W.-Y., Kim, K. J., Yu, J.-S. & Kim, Y.-J. Shutdown-functionalized nonwoven separator with improved thermal and electrochemical properties for lithium-ion batteries. *Journal of Power Sources* **305**, 225-232 (2016).

[19] Wang, D. *et al.* Polydopamine hydrophilic modification of polypropylene separator for lithium ion battery. *Journal of Applied Polymer Science* **131** (2014).

[20] Li, D. *et al.* A low cost shutdown sandwich-like composite membrane with superior thermo-stability for lithium-ion battery. *Journal of membrane science* **542**, 1-7 (2017).

[21] Huang, X. Separator technologies for lithium-ion batteries. *Journal of Solid State*

Electrochemistry **15**, 649-662 (2011).

[22] Böhnstedt, W. A review of future directions in automotive battery separators. *Journal of power sources* **133**, 59-66 (2004).

[23] Kalnaus, S., Wang, Y. & Turner, J. A. Mechanical behavior and failure mechanisms of Li-ion battery separators. *Journal of Power Sources* **348**, 255-263 (2017).

[24] Zhang, S. S. A review on the separators of liquid electrolyte Li-ion batteries. *Journal of Power Sources* **164**, 351-364 (2007).

[25] Prasanna, K. & Lee, C. W. Physical, thermal, and electrochemical characterization of stretched polyethylene separators for application in lithium-ion batteries. *Journal of solid state electrochemistry* **17**, 1377-1382 (2013).

[26] Daniel, C. & Besenhard, J. O. *Handbook of battery materials.* (John Wiley & Sons, 2012).

[27] Ihm, D., Noh, J. & Kim, J. Effect of polymer blending and drawing conditions on properties of polyethylene separator prepared for Li-ion secondary battery. *Journal of Power Sources* **109**, 388-393, doi:https://doi.org/10.1016/S0378-7753(02)00097-6(2002).

[28] Huang, X. A lithium-ion battery separator prepared using a phase inversion process. *Journal of Power Sources* **216**, 216-221 (2012).

[29] Pu, W., He, X., Wang, L., Jiang, C. & Wan, C. Preparation of PVDF–HFP microporous membrane for Li-ion batteries by phase inversion. *Journal of membrane science* **272**, 11-14 (2006).

[30] Sousa, R. E. *et al.* Poly (vinylidene fluoride-co-chlorotrifluoroethylene) (PVDF-CTFE) lithium-ion battery separator membranes prepared by phase inversion. *RSC Advances* **5**, 90428-90436 (2015).

[31] Amaral, F. *et al.* Preparation and characterization of the porous solid polymer electrolyte of PAN/PVA by phase inversion. *Journal of Applied Electrochemistry* **45**, 809-820 (2015).

[32] Li, Y. & Pu, H. Facile fabrication of multilayer separators for lithium-ion battery via multilayer coextrusion and thermal induced phase separation. *Journal of Power Sources* **384**, 408-416 (2018).

[33] Shin, M. Design of Functional Separator Membrane for the Advanced Energy

Storage Devices. (2019).

[34] Zhang, J. *et al.* A highly safe and inflame retarding aramid lithium ion battery separator by a papermaking process. *Solid State Ionics* **245**, 49-55 (2013).

[35] Huang, X. Performance evaluation of a non-woven lithium ion battery separator prepared through a paper-making process. *Journal of Power Sources* **256**, 96-101 (2014).

[36] Leijonmarck, S., Cornell, A., Lindbergh, G. & Wågberg, L. Single-paper flexible Li-ion battery cells through a paper-making process based on nano-fibrillated cellulose. *Journal of Materials Chemistry A* **1**, 4671-4677 (2013).

[37] Williams, R. C. *et al.* (Google Patents, 1999).

[38] Gahan, R. & Zguris, G. C. in *Fifteenth Annual Battery Conference on Applications and Advances (Cat. No. 00TH8490).* 145-149 (IEEE).

[39] Wang, H., Zhang, Y., Gao, H., Jin, X. & Xie, X. Composite melt-blown nonwoven fabrics with large pore size as Li-ion battery separator. *International Journal of Hydrogen Energy* **41**, 324-330 (2016).

[40] Doshi, J. & Reneker, D. H. Electrospinning process and applications of electrospun fibers. *Journal of Electrostatics* **35**, 151-160, doi:https://doi.org/10.1016/0304-3886(95)00041-8(1995).

[41] Subbiah, T., Bhat, G. S., Tock, R. W., Parameswaran, S. & Ramkumar, S. S. Electrospinning of nanofibers. *Journal of Applied Polymer Science* **96**, 557-569, doi:10.1002/app.21481 (2005).

[42] Moon, S., Gil, M. & Lee, K. J. Syringeless Electrospinning toward Versatile Fabrication of Nanofiber Web. *Scientific Reports* **7**, 41424, doi:10.1038/srep41424 (2017).

[43] Moon, S., Park, K., Seo, E. & Lee, K. J. Mass Production of Functional Amine-Conjugated PAN Nanofiber Mat via Syringeless Electrospinning and CVD. *Macromolecular Materials and Engineering* **303**, 1700565, doi:10.1002/mame.201700565 (2018).

[44] Cho, T. H. *et al.* Electrochemical Performances of Polyacrylonitrile Nanofiber-Based Nonwoven Separator for Lithium-Ion Battery. *Electrochemical and Solid-State Letters* **10**, A159, doi:10.1149/1.2730727 (2007).

[45] Gopalan, A. I. *et al.* Development of electrospun PVdF-PAN membrane-based

polymer electrolytes for lithium batteries. *Journal of Membrane Science* **325**, 683-690, doi:https://doi.org/10.1016/j.memsci.2008.08.047(2008).

[46] Choi, S.-S. *et al.* Electrospun PVDF nanofiber web as polymer electrolyte or separator. *Electrochimica Acta* **50**, 339-343, doi:https://doi.org/10.1016/j.electacta.2004.03.057(2004).

[47] Ding, J., Kong, Y., Li, P. & Yang, J. Polyimide/Poly(ethylene terephthalate) Composite Membrane by Electrospinning for Nonwoven Separator for Lithium-Ion Battery. *Journal of The Electrochemical Society* **159**, A1474-A1480 (2012).

[48] Magistris, A. *et al.* Structure, porosity and conductivity of PVdF films for polymer electrolytes. *Journal of Power Sources* **97-98**, 657-660, doi:10.1016/S0378-7753(01)00644-9 (2001).

[49] Shi, Q., Yu, M., Zhou, X., Yan, Y. & Wan, C. Structure and performance of porous polymer electrolytes based on P(VDF-HFP) for lithium ion batteries. *Journal of Power Sources* **103**, 286-292, doi:https://doi.org/10.1016/S0378-7753(01)00868-0(2002).

[50] Zhang, S. S., Xu, K., Foster, D. L., Ervin, M. H. & Jow, T. R. Microporous gel electrolyte Li-ion battery. *Journal of Power Sources* **125**, 114-118, doi:https://doi.org/10.1016/j.jpowsour.2003.07.008(2004).

[51] Wu, G. *et al.* Novel porous polymer electrolyte based on polyacrylonitrile. *Materials Chemistry and Physics* **104**, 284-287, doi:https://doi.org/10.1016/j.matchemphys.2007.03.013(2007).

[52] Liao, Y. H. *et al.* Self-supported poly(methyl methacrylate–acrylonitrile–vinyl acetate)-based gel electrolyte for lithium ion battery. *Journal of Power Sources* **189**, 139-144, doi:https://doi.org/10.1016/j.jpowsour.2008.10.027(2009).

[53] Zhou, D. Y. *et al.* Preparation and performances of porous polyacrylonitrile–methyl methacrylate membrane for lithium-ion batteries. *Journal of Power Sources* **184**, 477-480, doi:https://doi.org/10.1016/j.jpowsour.2008.05.027(2008).

[54] Zhu, Y. *et al.* A Composite Gel Polymer Electrolyte with High Performance Based on Poly(Vinylidene Fluoride) and Polyborate for Lithium Ion Batteries. *Advanced Energy Materials* **4**, 1300647, doi:10.1002/aenm.201300647 (2014).

[55] An, M.-Y., Kim, H.-T. & Chang, D.-R. Multilayered separator based on porous

polyethylene layer, Al2O3 layer, and electro-spun PVdF nanofiber layer for lithium batteries. *Journal of Solid State Electrochemistry* **18**, 1807-1814, doi:10.1007/s10008-014-2412-4 (2014).

[56] Raghavan, P. *et al.* Preparation and electrochemical characterization of polymer electrolytes based on electrospun poly(vinylidene fluoride-co-hexafluoropropylene)/ polyacrylonitrile blend/composite membranes for lithium batteries. *Journal of Power Sources* **195**, 6088-6094, doi:https://doi.org/10.1016/j.jpowsour.2009.11.098(2010).

[57] Chen, G. & Richardson, T. J. Overcharge Protection for Rechargeable Lithium Batteries Using Electroactive Polymers. *Electrochemical and Solid-State Letters* **7**, A23, doi:10.1149/1.1633162 (2004).

[58] Huai, Y., Gao, J., Deng, Z. & Suo, J. Preparation and characterization of a special structural poly(acrylonitrile)-based microporous membrane for lithium-ion batteries. *Ionics* **16**, 603-611, doi:10.1007/s11581-010-0431-4 (2010).

[59] Park, J.-H. *et al.* Close-packed poly(methyl methacrylate) nanoparticle arrays-coated polyethylene separators for high-power lithium-ion polymer batteries. *Journal of Power Sources* **196**, 7035-7038, doi:https://doi.org/10.1016/j.jpowsour.2010.09.102(2011).

[60] Kader, M. A., Kwak, S. K., Kang, S. L., Ahn, J.-H. & Nah, C. Novel microporous poly(vinylidene fluoride)-graft-poly(tert-butyl acrylate) electrolytes for secondary lithium batteries. *Polymer International* **57**, 1199-1205, doi:10.1002/pi.2472 (2008).

[61] Xiong, M. *et al.* Expanded polytetrafluoroethylene reinforced polyvinylidenefluoride–hexafluoropropylene separator with high thermal stability for lithium-ion batteries. *Journal of Power Sources* **241**, 203-211, doi:https://doi.org/10.1016/j.jpowsour.2013.04.064(2013).

[62] Rao, M., Geng, X., Liao, Y., Hu, S. & Li, W. Preparation and performance of gel polymer electrolyte based on electrospun polymer membrane and ionic liquid for lithium ion battery. *Journal of Membrane Science* **399-400**, 37-42, doi:https://doi.org/10.1016/j.memsci.2012.01.021(2012).

Ⅳ. 고체전해질 개요 및 최근 연구동향

Ⅳ. 고체전해질 개요 및 최근 연구동향

최근 핸드폰과 노트북, 전기자동차 등의 발전은 리튬 이온 전지의 수요가 증가시켰고, 이에 따른 전지의 성능 향상에 대한 요구가 점차 증가하고 있다. 더욱이 최근에는 이러한 전지의 성능 향상 면 이외에도 전지의 안전성 문제에 대한 관심 또한 매우 증가되고 있다. 일반적으로 이러한 안전성에 대한 문제는 리튬 이온 전지의 전해질과 연관되어 있다. 일반적으로 가장 많이 사용되는 전해질 형태는 액상의 전해질로, 높은 이온 전도도 및 공정의 용이성이 높다는 특징이 있다. 하지만, 액체 전해질 고유의 발화성과 누출 위험성 등의 위험성은 최근 이슈가 되고 있는 전지 안전성 문제에 큰 영향을 끼칠 수 있으며, 이러한 이유로 고안전성의 리튬 이온 전지 제조를 위해서는 액상 유기 전해질 물질의 사용을 지양하는 방향으로 많은 연구가 진행되고 있다. 따라서, 이러한 액상 유기 전해질의 단점을 해결하기 위한 방법으로, 고분자 물질 기반의 고체 전해질에 대한 연구가 활발히 진행되고 있다. 고체 전해질은 기본적인 형상이 고상으로 이루어져 있기 때문에, 폭발 및 누출 위험성이 매우 낮고, 이로 인해 안전성 면에서 매우 높은 이점을 가지고 있다는 특징이 있다. 하지만, 일반적으로 사용 중인 액체 전해질을 고체 전해질로 대체하여 사용하기 위해서는 우수한 이온 전도도, 전기화학적 안정성, 기계적 특성들이 충족되어야 한다. 본 챕터 에서는 이러한 고체 전해질과 관련된 기본적인 메커니즘부터 최신 연구 동향까지 살펴보고자 한다.

4.1. 고체전해질의 역사

고체전해질의 역사는 1830 년대 초의 Faraday 가 발견한 가열된 고체 Ag_2S 및 PbF_2 에서 우수한 전도성을 발견하며 시작되었다고 할 수 있다.[1] 그 이후 1960 년대에 '고체 이온성' 이라는 용어를 사용되었고,[2] 이후 β-알루미나 (Na_2O • $11Al_2O_3$)에서 빠른 2D 나트륨 이온 수송 현상이 발견되어, 고체 나트륨 전해질을 배터리에 적용하려는 노력들이 이어져왔다.[3][4] 1970년대 초에는 Ag_3SI, β-알루미나 및 $RbAg_4I_5$를 고체 이온전도성 물질로 사용한 에너지 저장장치에 대한 연구가 발표되었으며, 이후 이를 기반으로 한 고체 전해질을 상용화하고자 하는 연구들이 진행되었다.[5][6][7] 한편, 고분자 기반의 고체 전해질은 1975 년 wright 연구진이 발표한 논문에서 고분자 물질을 이용하여 이온 전달이 가능하다는 발표를 통해 시작되었고, 1979년 Amand 연구진이 고분자 물질을 이용하여 전기화학 장치로써의 사용가능성을 발표하며 고분자 고체 전해질에 대한 연구가 가속화 되었다.[8][9]

4.2. 고체 전해질의 장점

앞서 언급한 기존 액체 전해질이 가지고 있는 문제점 들을 보완하는 방법 중 하나로 액상 형태의 전해질에서 고체 형태의 전해질의 이용이 한가지 대안으로써 자리잡고 있다. 이에 액상 전해질과 비교하여 고체 전해질이 갖고 있는 장점을 알아보면 다음과 같다.

① 폭발 및 발화 특성이 없기 때문에, 보다 안전한 전해질이다. 고체 전해질은 온도 변화에 따라 전해질이 증발하거나, 발화하는 현상이나 외부 충격에 의한 누액 위험 및 부피 팽창이 없음으로 극한

외부조건에 보다 안정적이다.

② 구조적으로 단순화된 베터리 제조가 가능하다. 액체 전해질을 사용할 때 보다 더 얇은 전지 제조가 가능하며 액체 전해질을 사용함에 있어 필요한 여러가지 부속품들 (냉각 및 안전관련 부자재들)이 필요하지 않기 때문에 전지의 부피 대비 용량을 증가할 수 있다. 또한, 고체전해질을 사용하는 경우에는 분리막을 사용하지 않기 때문에 베터리 구조를 단순화할 수 있다. 이러한 구조적 장점들을 이용하여, 액체 전해질 기반 전지를 4개를 배치해야 구현할 수 있는 전압 수준을 고체전해질 전지를 여러 층 적층 하는 방법을 통하여 단전지 시스템에서 구현 가능하다.

③ 고체 전해질을 사용하는 경우, 액체 전해질을 사용하는 경우보다 고출력 배터리의 구현이 가능하다. 액체 전해질을 사용한 베터리에서는 고출력 배터리 구현을 위해서는 리튬이온이 용매와 분리되는 탈 용매 반응이 필요하지만, 고체전해질에서는 충방전 시 바로 리튬의 확산으로 이루어지기 때문에 보다 높은 출력을 구현할 수 있다.

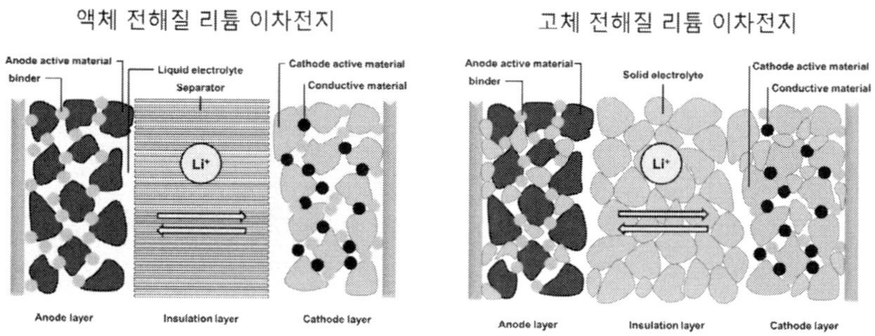

그림 1. 액체 리튬 이차 전지와 전고체 리튬 이차 전지의 비교 개념도

4.3. 고체 전해질의 필요 조건

고체 전해질의 상용화를 위해서는 다양한 필요 조건이 요구되며, 이를 달성하기 위한 많은 연구가 진행 중이다. 본 챕터에서는 고체 전해질의 상용화를 위해 어떠한 요구 조건이 있는지 확인해보고자 한다.

① 고체 전해질을 상용화하기 위해서는 충분히 높은 이온 전도도가 필요시 된다. 상용화된 대부분의 액체 전해질의 이온 전도도는 상온에서 10^{-2} S/cm 이하 수준의 전도도를 보유하는 반면, 고체전해질은 박막 전지로써 활용이 가능하다는 장점이 있기 때문에 상온에서 10^{-3} S/cm 정도의 이온전도도 만으로도 이용 가능한 수치이지만 대부분의 고분자 재료들은 상온에서 이 값을 충족하지 못하며 특히 저온에서의 이온 전도도 값이 급격이 하강하는 특성을 보이게 된다.

② 고체 전해질의 상용화를 위해서는 전지의 양극과 음극을 통하여 결정되는 구동 전압 범위 내에서 산화, 환원 반응 등이 일어나지 않아야 한다. 특히 최근 산업에서 가장 많이 필요로 하는 고전압, 고출력 배터리를 위해서는 넓은 전압 범위에서의 내산화성 등이 필수적으로 요구되며 이를 충족시켜야 한다.

③ 우수한 양이온 수율이 필요시 된다. 여기서 양이온 수율은 전해질에 흐르는 전류 중 전지에서 전하 운반체로 사용되는 양이온의 비율을 말하는 것으로, 액체 전해질의 경우, 양이온인 리튬과 그 짝이온의 이동을 제어하기 쉽지 않기 때문에 대략 0.2 – 0.5 정도의 양이온 수율이 보고되고 있는데, 이와 비교하여 고분자 염 전해질을 사용할 경우 음이온의 이동을 효과 적으로 조절할 수 있기 때문에 고분자 염 전해질의 활용도를 제공할 수 있다.

④ 전극 표면에서의 안정적인 계면 반응이 필요하다. 고체 전해질 연구에서 이온전도도와 함께 가장 큰 문제점은 양극 음극과의 계면 접촉 정도가 상대적으로 낮기 때문에, 계면 접촉 상태에서의 계면 반응이 액체 전해질에 비해 현저히 떨어진다는 것이다. 계면 접촉이 원활하게 이루어 지지 않게 되면 전극 전체에서 산화, 환원 반응이 원활하게 일어나지 않기 때문에, 전체적인 전류 분포가 불균일 해질 수 있다. 또한, 이 상태로 높은 전류를 반복적으로 인가하게 되면 국부적인 부분에서 전극의 팽창과 수축을 반복을 야기시킬 수 있으며 이는 산화 전극을 급격하게 열화 시키게 된다. 따라서, 이처럼 전극과 고체 전해질 사이의 안정적이면서 전면적인 접촉에 대한 연구가 활발히 진행되고 있다.

⑤ 우수한 기계적 특성이 필요시 된다. 고체 전해질을 사용한 전 고상 베터리의 장점은 대면적 박막 전지의 제조에 있다고 해도 과언이 아니다. 이때 효율을 가장 상승시킬 수 있는 방법은, 전해질의 두께를 얇게 만들어 전지 내에 많은 전극 활물질을 충진하고 에너지 밀도를 높이는 것에 있다고 할 수 있다. 고체전해질의 이온전도도 상승을 위하여 유기 용매 함량을 증가시키거나, 유리 온도를 낮추는 경우, 기계적 강도가 급속하게 저하되기 때문에, 이를 방지하기 위한 최적화가 필요시 된다. 고체 전해질의 기계적 강도가 저하되게 되면, 전지 제조 과정에서의 불량률 상승과 직결되기 때문에, 얇은 두께를 가지면서도 기계적 강도가 우수하며, 이온전도도가 뛰어난 고체 전해질 소재의 개발이 필요시 된다.

4.4. 고체 전해질의 종류

1) 고분자 고체 전해질

고분자 물질은 성형이 용이하고, 다양한 기계적 물성 제공이 가능하며, 제조 원가가 저렴하다는 특징 때문에 고체 전해질 물질로 활용될 수 있으며, 다양한 연구가 진행 중이다. 하지만, 낮은 이온 전도도와 고온에서만 작동 가능 하다는 결정적인 단점이 존재하며, 이러한 한계를 넘어서기 위한 연구가 요구된다. 기존의 고분자 물질 기반 고체 전해질 연구의 경우, 유리 전이 온도가 상온보다 낮은 형태의 고분자 물질들이 주로 사용되어 왔다. 이러한 유리 전이 온도가 상온보다 낮은 형태의 고분자 물질들은 상온에서 고분자의 내부 구조의 유연성을 유도할 수 있으며, 이를 통해 이온 전달이 가능한 통로를 제공할 수 있다. 그와 동시에 고분자 구조 내부에 산소, 질소, 황 등의 전자공여기를 갖는 극성 원소가 존재하는 경우 고분자 내부에서의 이온 전달 효율을 증가시킬 수 있으며, 이를 통해 낮은 이온 전도도를 극복하기 위한 연구들이 진행되어 왔다. 이를 위한 고분자 물질로는, 일반적으로 poly(ethylene oxide) (PEO). poly(propylene oxide) (PPO), polysiloxane, poly(vinyl chloride) (PVC), Poly(vinylidene fluoride) (PVdF) 등의 고분자 물질들이 연구되고 있으며, 그중 이론적인 전도도가 가장 좋은 골격인 PEO에 대한 연구가 가장 활발히 진행중이다.[10][11][12][13][14]

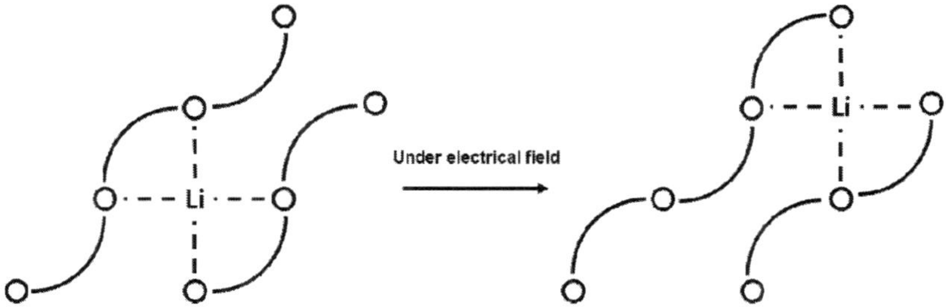

그림 2. PEO 전해질 내에서 리튬이온 전도 메커니즘

PEO는 H－(O－CH_2－CH_2)n－OH의 기본 구조를 갖고 있으며, 이 사슬에 포함되어 있는 전자 공여기인 산소 원자와 금속 양이온의 배위 결합을 통하여 염을 용해시킬 수 있다.[15] 비슷한 메커니즘의 물질로는 고분자 구조 내부에 질소 원자를 포함하고 있는 polyethylenimine (PEI)도 제시되어 연구가 이루어지고 있다. 하지만, PEO 내에 존재하는 산소 원자의 이온 배위능이 일반적으로 PEI 경우보다 더 높은 수치를 보유하여 리튬 이온을 더 잘 용해시킬 수 있다는 특징 때문에, 대부분의 고체 전해질에 대한 연구는 PEO를 기반으로 진행되고 있는 실정이다. PEO 내에서의 리튬 원자는 산소와 이온-쌍극자 상호 결합에 의해 이온이 용해되고, 해리된 상태로 존재한다. 이때, 용해된 리튬 이온은 탄소와 산소 사이의 결합이 회전이 용이한 특징을 이용해, 전기장이 인가되는 경우 고분자 내부에서의 이동이 가능하다 (그림2). 게다가 PEO의 Tg 값은 상온보다 낮기 때문에 상온에서도 고분자 체인이 비교적 활발하게 운동할 수 있기 때문에, 해리된 이온 염이 자유롭게 이동할 수 있다.[16] 그럼에도 불구하고, 아직까지 PEO가 고체전해질로 상용화되지 않은 이유는 산소와 이온 염 간의 상호작용이 강하기 때문에 결정이 생기기 쉬우며, 상온 이하에서는 낮은 이온 전도도 특성을 갖기 때문이다. 또한 일정 온도 이상으로 온도가 상승할 시에도 고분자 체인의 결정화가 형성되며, 고분자 체인의 세그먼트 운동성이 감소하여, 이온수송에 어려

움을 줄 수 있다. 따라서, 이러한 문제점을 해결하기 위한 방법으로, 고분자 체인 내부에 가교 결합을 하거나, 올리고머 중합체를 고분자 주체인에 결합시키는 등의 방법을 통하여 PEO 의 비정질 상의 비율을 증가시키는 방향으로 연구가 진행되고 있다.[17][18][19][20][21] 예를 들어, Z. Florianczyk팀에서는 고분자량의 PEO와 methyl methacrylate (MMA)의 열중합 반응을 통하여 PEO-PAAM copolymer를 합성하였고 이를 통하여 PEO의 Tg 값을 효과적으로 줄이고, 효과적으로 상온에서의 결정성을 감소시킬 수 있었다. 그후에 $LIClO_4$를 첨가하여 $LiClO_4$–PEO–PAAM 고분자 전해질을 제조하여 상온에서 6.6×10^{-5} S/cm 값을, 100 ºC 에서 10^{-3} S/cm의 이온전도도를 갖는 등 고체 전해질로의 성능 향상을 보고하였다.[22][23]

2) 젤 고분자 전해질

젤 고분자 전해질은 고체전해질의 장점과 액체 전해질의 장점을 고루 갖고 있기 때문에 최근 연구가 매우 활발히 진행되고 있다. 젤 구조를 가지는 고분자 물질의 경우, 기존의 고분자 구조가 선형 구조 혹은 가지형 구조를 가지는 것과 비교하여, 고분자 체인의 가교를 통하여 망상 구조를 형성하고, 망상 구조의 고분자 물질 내부에 유기 용매 혹은 물과 같은 액상 물질을 함유하는 물질을 지칭한다. 젤 고분자 전해질의 구성 물질은 주로 망상 구조의 고분자, 유기용매, 그리고 리튬 염으로 구성되어 있으며, 고상의 망상 구조 고분자 사이에 액체 전해질을 함침시켜 고분자가 팽윤된 형태로 사용한다. 고분자 물질만을 전해질로 사용하는 고체 전해질과 비교하여, 내부에 액체 전해질을 함유하기 때문에 높은 수준의 이온 전달 효율을 보여주며, 액체 전해질 만을 사용했을 때의 단점인 약한 기계적 강도 등을 해결할 수 있다는 장점과 고체 전해질 만을 사용했을 때의 단점인 전극 계면 에서의 접촉 불량 현상을 줄일 수 있다는 장점을 동시에 가질 수 있다. 다만 고체 전해질 만을 사용했을 때 보다 가공성 및 안전성이 떨어지며 액체 전해질 만을 사용했을 때 보다 낮은 이온전도도를 보인다는 단점이 있다.[24][25]

3) 고분자 염 전해질 (단일 이온 전해질)

고분자 염 전해질이란 고분자에 양이온 혹은 음이온을 공유결합 등의 결합을 통하여 고정하여, 전도성을 도입한 전해질을 의미한다. 예를 들어, 음이온을 공유결합을 통해 결합한 고분자 전해질 같은 경우, 고분자 분자를 음이온으로 형성하여, 양이온을 해리할 수 있고, 이를 통해 양이온의 이동이 좀 더 용이해지기 때문에, 양이온의 이동도가 중요한 리튬 이온 전지용 고체전해질 소재로 이용되기 용이하다. 고분자 염 전해질이 리튬 이온 전지로 활용될 경우, 농도 분극 현상 억제에 기인한 전기화학적인 안정성을 유도할 수 있으며, 높은 리튬이온 수송율을 제공할 수 있다는 장점이 있다. 일반적으로 액체 전해질을 사용한 리튬 이온 전지에서의 안정성 문제를 야기하는 이유 중 하나는 충-방전 시 액체 전해질에 존재하는 리튬 이온만 이동하는 것이 아닌 짝 음이온도 리튬 이온의 반대편으로 이동하기 때문이라 할 수 있다. 이러한 양 전극으로 이동한 리튬 이온과 짝 음이온은 전극 표면에서 분극을 형성하게 되며, 결과적으로는 전극 표면에서의 저항을 증가시기기 때문에, 전지의 열화 현상을 유도할 수 있다는 단점이 있다. 이와 비교하여, 고정된 고분자 염 전해질을 사용하는 경우, 음이온이 고분자에 결합된 형태를 형성하기 때문에 짝이온의 이동을 막음으로써 분극 현상을 효과적으로 막을 수 있고, 동시에 높은 리튬이온 수송율을 얻을 수 있다. 또한 별도의 리튬염을 넣지 않아도 바로 전해질로 사용할 수 있다는 장점도 있다. 최근 연구에서는 주로 음이온의 전자 밀도를 낮추거나, 결합된 음이온 주변에 비교적 큰 분자들이 위치하도록 설계하는 방법을 통하여, 리튬 이온과 짝 음이온 간의 재결합을 감소시키기 위한 전략으로 연구가 진행되고 있다. 예를 들어, Shengming Xu 연구팀에서는 PEEK 고분자에 $TFSI^-$ 이온이 그래프트된 고분자를 합성하고 이를 PEGMMA 폴리머와 블랜드하는 방법을 통하여 이온 채널을 도입하였고 이에 따라 고분자염 전해질의 우수한 리튬 이온 수송율 (0.936-0.898)을 얻음과 동시에 상온에서 0.17×10^{-3} S/cm의 우수한 이온 전도도를 나타냄을 확인한 연구 사례가 보고되었다.[26]

4) 세라믹 전해질

4-1) 산화물계 고체전해질

산화물계 고체 전해질이란 무기물이 산화된 형태의 물질을 이용하여 고체 전해질을 형성한 형태로, 고분자 전해질이 가지고 있는 상온에서 작동하기 힘들다는 문제점을 보완할 재료로 각광받고 있다. 대표적인 산화물계 고체전해질은 perovskite 구조인 $Li_3xLa_2/_{3-x}TiO_3$ (LLTO), garnet 구조인 $Li_7La_3Zr_2O_{12}$ (LLZO) 등이 있다.[27][28] 산화물계 고체전해질은 액체 전해질과 비교해 상대적으로 높지만 상온에서 10^{-4} - 10^{-3} S/cm 수준의 이온전도도 값을 가지며, 이는 젤 형태를 제외한 고체전해질 가운데에서는 높은 수준의 수치라 할 수 있다.[29][30][31] 산화물계 고체 전해질의 경우, 고체전해질의 고질적인 문제점으로 지적되는 상온에서의 우수한 이온 전도도 값을 갖지만, 제조할 때 필요한 소결과정에서 1000 °C 이상의 온도를 필요로 하기 때문에 고온에서 리튬이 휘발되거나 불순물상이 형성되는 등 문제점이 있다. 또한, LLTO의 경우에는 매우 우수한 이온 전도도를 갖고 있음에도 불구하고 구동 전압이 1.8 V인 수준에서 Ti^{4+}가 리튬과 반응해 Ti^{3+}로 환원되기 때문에 리튬 금속과 혼용할 수 없다는 치명적인 문제를 갖고 있다. LLZO의 경우에는 열처리 조건에 따라 정방정계 구조 또는 입방계 구조를 갖게 되는데, 입방 구조는 10^{-4} S/cm의 우수한 이온 전도도를 보이는 반면 정방계 구조 에서는 10^{-6} S/cm의 낮은 이온 전도도를 갖는다. 입방계 LLZO를 제조하기 위해서 1200 °C 이상의 고온이 필요하기 때문에 Al, Ta. Ca, Nb 등의 원소를 첨가하여 상전이 온도를 낮추거나 이온전도도를 향상시키는 방향으로 연구가 진행되고 있으며, 한편으로는 전기 방사 기법을 통한 나노화 기법 등의 방법을 이용하여 열 처리 이전의 공정에 변화를 주어 열처리 온도를 낮추는 방법으로 연구가 진행되고 있다.[32][33][34]

4-2) 황화물계 고체전해질

황화물계 고체 전해질이란 무기계 물질이 황 이온과 함께 존재하는 물질이 사용되는 전해질을 말하며 대표적으로 $Li_{10}GeP_2S_{12}$ (LGPS)가 있다. LGPS 경우 냉간 압축 만으로 소결이 가능하기 때문에 공정 상 유리하며 10^{-2} S/cm 이상으로 액체 전해질 만큼 우수한 이온 전도도를 갖는다.[28][35][36] 또한 냉간 압축의 장점인 전극과 전해질간 접촉 계면을 형성하기에 용이하며 기계적 강도와 유연성 또한 좋다는 장점을 갖고 있다. 하지만 황화물계 전해질은 공기중 산소와 수분과 반응해 인체에 치명적인 황화수소를 만들 수 있기 때문에 밀봉에 유의해야 하며 대기 중에서 불안정 하기 때문에 대량 양산이 어렵고 셀 제조 공정 시 실내 습도를 완벽히 제어해야 한다. 또한 전극 계면에서 공간 전하층이 형성으로 인한 높은 저항층이 발생하기 때문에 기존의 양극 물질과 호환이 어렵다는 단점이 존재한다.[37][38][39]

4.5. Conclusions

본 챕터에서는 현재까지 리튬 이온 전지 소자에서 사용중인 액체 전해질의 단점을 보완하기 위한 방법으로 대두되고 있는 고체 전해질에 대해 살펴보았다. 액체 이온 전해질을 이용하여 제조된 리튬 이온 전지의 경우, 다양한 연구를 통하여 고 효율, 고 에너지용 소자로 사용되고 있는 반면, 안전성에 대한 문제가 존재하며, 이를 효과적으로 해결할 수 있는 방법이 고체 전해질이라 할 수 있다. 이러한 고체 전해질을 사용하기 위해서는, 1) 충분히 높은 이온 전도도가 필요하며, 2) 전지 구동 범위 내에서 산화, 환원 반응 등이 일어나지 않아야 하고, 3) 우수한 양이온 수율이 필요시 되며, 4) 전극 표면에서의 안정적인 계면 반응이 필요시 되고, 5) 우수한 기계적 특성이 필요시 된다. 따라서, 이러한 필요조건을 달성하기 위한 다양한 연구가 진행 중에 있으며, 그 중에서도 PEO, PPO 등의 고분자 소재, 젤 고분자 전해질, 고분자 염 전해질, 세라믹 전해질 등에 대해서 살펴보았으며, 이를 통한 다양한 연구가 계속될 것이라 사료된다.

References

[1] Faraday, M. IV. Experimental researches in electricity.—Third series. *Philosophical Transactions of the Royal Society of London*, 23-54 (1833).

[2] Takahashi, T. Early history of solid state ionics. *MRS Online Proceedings Library Archive* **135** (1988).

[3] Knödler, R. Thermal properties of sodium-sulphur cells. *Journal of applied electrochemistry* **14**, 39-46 (1984).

[4] Kummer, J. T. & Weber, N. (Google Patents, 1969).

[5] Chandra, S., Lal, H. & Shahi, K. An electrochemical cell with solid, super-ionic Ag4 KI5 as the electrolyte. *Journal of Physics D: Applied Physics* **7**, 194 (1974).

[6] Owens, B. B., Christie, J. & Tiedeman, G. T. High‐Conductivity Solid Electrolytes: C a H b Nl‐Agl Double Salts. *Journal of The Electrochemical Society* **118**, 1144-1147 (1971).

[7] Yao, Y.-F. Y. & Kummer, J. Ion exchange properties of and rates of ionic diffusion in beta-alumina. *Journal of Inorganic and Nuclear Chemistry* **29**, 2453-2475 (1967).

[8] Wright, P. V. Electrical conductivity in ionic complexes of poly (ethylene oxide). *British polymer journal* **7**, 319-327 (1975).

[9] Vashishta, P., Mundy, J. N. & Shenoy, G. Fast ion transport in solids: electrodes and electrolytes. (1979).

[10] Liu, Y., Lee, J. Y. & Hong, L. In situ preparation of poly(ethylene oxide)–SiO2 composite polymer electrolytes. *Journal of Power Sources* **129**, 303-311, doi:10.1016/j.jpowsour.2003.11.026 (2004).

[11] Di Noto, V., Zago, V., Pace, G. & Fauri, M. Inorganic-Organic Polymer Electrolytes Based on PEG400 and Al [OCH (CH 3) 2] 3 : II. Morphology, Thermal Stability, and Conductivity Mechanism. *Journal of The Electrochemical Society* **151**, A224-A231, doi:10.1149/1.1635826 (2004).

[12] Marcinek, M. *et al.* Ionic association in liquid (polyether–Al2O3–LiClO4) composite electrolytes. *Solid State Ionics* **176**, 367-376, doi:https://doi.org/10.1016/j.ssi.2004.08.013(2005).

[13] Chen-Yang, Y., Chen, H., Lin, F. & Chen, C. J. S. S. I. Polyacrylonitrile

electrolytes: 1. A novel high-conductivity composite polymer electrolyte based on PAN, LiClO4 and α-Al2O3. **150**, 327-335 (2002).

[14] Magistris, A., Mustarelli, P., Quartarone, E. & Tomasi, C. Transport and thermal properties of (PEO)n–LiPF6 electrolytes for super-ambient applications. *Solid State Ionics* **136-137**, 1241-1247, doi:https://doi.org/10.1016/S0167-2738(00)00594-4(2000).

[15] MacCallum, J. R. & Vincent, C. A. *Polymer electrolyte reviews*. Vol. 2 (Springer Science & Business Media, 1989).

[16] Panero, S., Scrosati, B. & Greenbaum, S. G. Ionic conductivity and 7Li NMR Study of Poly(ethylene glycol) complexed with lithium salts. *Electrochimica Acta* **37**, 1533-1539, doi:https://doi.org/10.1016/0013-4686(92)80106-V(1992).

[17] Golodnitsky, D. Conduction Mechanisms in Concentrated LiI-Polyethylene Oxide-Al[sub 2]O[sub 3]-Based Solid Electrolytes. *Journal of The Electrochemical Society* **144**, doi:10.1149/1.1838037 (1997).

[18] Li, Q. *et al.* Cycling performances and interfacial properties of a Li/PEO-Li (CF3SO2)2N-ceramic filler/LiNi0.8Co0.2O2 cell. *Journal of Power Sources* **97-98**, 795-797, doi:https://doi.org/10.1016/S0378-7753(01)00610-3(2001).

[19] Borghini, M. C., Mastragostino, M., Passerini, S. & Scrosati, B. Electrochemical Properties of Polyethylene Oxide - Li [(CF 3 SO 2) 2 N] - Gamma - LiAlO2 Composite Polymer Electrolytes. *Journal of The Electrochemical Society* **142**, 2118-2121, doi:10.1149/1.2044260 (1995).

[20] Krawiec, W. *et al.* Polymer nanocomposites: a new strategy for synthesizing solid electrolytes for rechargeable lithium batteries. *Journal of Power Sources* **54**, 310-315, doi:https://doi.org/10.1016/0378-7753(94)02090-P(1995).

[21] Wang, C., Zhang, X.-W. & Appleby, A. J. Solvent-Free Composite PEO-Ceramic Fiber/Mat Electrolytes for Lithium Secondary Cells. *Journal of The Electrochemical Society* **152**, A205-A209, doi:10.1149/1.1828952 (2005).

[22] Scrosati, B. & Vincent, C. A. Polymer electrolytes: the key to lithium polymer batteries. *Mrs Bulletin* **25**, 28-30 (2000).

[23] Scrosati, B. *Applications of electroactive polymers*. Vol. 75 (Springer, 1993).

[24] 김동원, 박. 리튬이온폴리머전지의 개발동향 및 전망. *대한전자공학회* **27**, 12 (2000).

[25] Song, J. Y., Wang, Y. Y. & Wan, C. C. Review of gel-type polymer electrolytes for lithium-ion batteries. *Journal of Power Sources* **77**, 183-197, doi:https://doi.org/10.1016/S0378-7753(98)00193-1(1999).

[26] Watanabe, M., Suzuki, Y. & Nishimoto, A. Single ion conduction in polyether electrolytes alloyed with lithium salt of a perfluorinated polyimide. *Electrochimica Acta* **45**, 1187-1192, doi:https://doi.org/10.1016/S0013-4686(99)00380-1(2000).

[27] Zheng, F., Kotobuki, M., Song, S., Lai, M. O. & Lu, L. Review on solid electrolytes for all-solid-state lithium-ion batteries. *Journal of Power Sources* **389**, 198-213, doi:10.1016/j.jpowsour.2018.04.022 (2018).

[28] Kanno, R. & Murayama, M. Lithium Ionic Conductor Thio-LISICON: The Li[sub 2]S-GeS[sub 2]-P[sub 2]S[sub 5] System. *Journal of The Electrochemical Society* **148**, doi:10.1149/1.1379028 (2001).

[29] Wang, Z. *et al.* Investigation of the position of Li+ ions in a polyacrylonitrile-based electrolyte by Raman and infrared spectroscopy. *Electrochimica Acta* **41**, 1443-1446, doi:https://doi.org/10.1016/0013-4686(95)00392-4(1996).

[30] Li, Y., Wang, C.-A., Xie, H., Cheng, J. & Goodenough, J. B. High lithium ion conduction in garnet-type Li6La3ZrTaO12. *Electrochemistry Communications* **13**, 1289-1292, doi:10.1016/j.elecom.2011.07.008 (2011).

[31] Choi, J.-H., Lee, C.-H., Yu, J.-H., Doh, C.-H. & Lee, S.-M. Enhancement of ionic conductivity of composite membranes for all-solid-state lithium rechargeable batteries incorporating tetragonal Li7La3Zr2O12 into a polyethylene oxide matrix. *Journal of Power Sources* **274**, 458-463, doi:10.1016/j.jpowsour.2014.10.078 (2015).

[32] Masoud, E. M., El-Bellihi, A. A., Bayoumy, W. A. & Mousa, M. A. Organic–inorganic composite polymer electrolyte based on PEO–LiClO4 and nano-Al2O3 filler for lithium polymer batteries: Dielectric and transport properties. *Journal of Alloys and Compounds* **575**, 223-228, doi:10.1016/j.jallcom.2013.04.054 (2013).

[33] Hiller, M. M., Joost, M., Gores, H. J., Passerini, S. & Wiemhöfer, H. D. The influence of interface polarization on the determination of lithium transference numbers of salt in polyethylene oxide electrolytes. *Electrochimica Acta* **114**,

21-29, doi:10.1016/j.electacta.2013.09.138 (2013).

[34] Keller, M., Varzi, A. & Passerini, S. Hybrid electrolytes for lithium metal batteries. *Journal of Power Sources* **392**, 206-225, doi:10.1016/j.jpowsour.2018.04.099 (2018).

[35] Kennedy, J. H., Sahami, S., Shea, S. W. & Zhang, Z. Preparation and conductivity measurements of SiS2벅Li2S glasses doped with LiBr and LiCl. *Solid State Ionics* **18-19**, 368-371, doi:https://doi.org/10.1016/0167-2738(86)90142-6(1986).

[36] Kennedy, J. H. & Yang, Y. A Highly Conductive Li+-Glass System:(1-x)(0.4 SiS2-0.6 Li2S)-xLiI. *J. Electrochem. Soc* **133**, 2437-2438 (1986).

[37] Kuhn, A., Duppel, V. & Lotsch, B. V. Tetragonal Li10GeP2S12 and Li7GePS8 – exploring the Li ion dynamics in LGPS Li electrolytes. *Energy & Environmental Science* **6**, doi:10.1039/c3ee41728j (2013).

[38] Kamaya, N. *et al.* A lithium superionic conductor. *Nat Mater* **10**, 682-686, doi:10.1038/nmat3066 (2011).

[39] Bron, P. *et al.* Li10SnP2S12: an affordable lithium superionic conductor. *J Am Chem Soc* **135**, 15694-15697, doi:10.1021/ja407393y (2013).

V. 바인더 개요 및 최근 연구 동향

V. 바인더 개요 및 최근 연구 동향

5.1. 바인더의 개요

리튬 이온 전지에서 바인더는 전극 활물질과 전기 도전재, 혹은 전극 코팅층과 금속 집전체 사이를 결착해주는 요소이다. 적절한 바인더 물질의 선택은 리튬 배터리 전극의 충방전 성능 안정화에 직접적인 영향을 주는데, 이는 전극의 부피 변화 문제와 밀접한 연관이 있다. 그 예시로 활물질로 널리 이용되는 흑연 및 실리콘의 부피 팽창을 들 수 있다.[1][2][3][4] 흑연 전극은 안정성 및 낮은 가격으로 인하여 리튬 이온 전지의 활물질로 이용되고 있는 물질 중 하나이지만, 리튬 이온 삽입 시 팽윤(Swelling)되어 초기 부피의 10% 정도 팽창이 일어나고, 반대로 이온 탈리 시에는 수축한다는 단점이 있다. 이러한 현상이 반복되면 활물질과 도전재 사이 결합이 점점 약해지고, 입자 간의 저항이 증가하여 전극의 옴저항이 상승하게 되며 결국 전지 특성의 저하를 불러오게 된다.[5][6][7] 더 나아가 실리콘 물질은 흑연보다 약 10배 높은 용량으로 인하여 각광받고 있으나 충/방전 시 300 % 정도의 심각한 부피 팽창이 일어나기 때문에 흑연보다 더 큰 용량 저하 현상이 일어나고, 실리콘 표면의 SEI층이 갈라져 균열이 일어남에 따라 쿨롱 효율의 저하까지 발생하게 된다는 문제점이 있다.[8][9][10][11] 게다가, 최근에는 산업 발전에 따라, 고용량을 가지는 리튬 이온 전지에 대한 수요가 기하급수적으로 증가되고 있고, 에너지 밀도 향상을 위하여 전극 코팅 층의 두께 및 밀도가 점점 증가하고 있다. 따라서, 부피 팽창 문제에도 불구하고 높은 용량을 보유한 실리콘 등 금속산화물 계열 음극재의 사용이 필수적이 되어가고 있다. 따라서, 이러한 전극 입자들을 효과적으로 결합시킬 수 있고, 부피 팽창 등의 문제를 효과적으로 감소시킬 수 있는 바인더 물질 선택의 중요성이 커지고 있다. 따라서, 본 챕터에서는 고용량 배터리 소재를 위한, 고분자 물질 기반 바인더 물질의 특성 들을 소개하고, 최신 연구 동향을 소개하고자 한다.

5.2. 이상적인 리튬 이온 전지 바인더의 요구 특성

리튬이온 배터리의 바인더가 갖춰야 할 가장 이상적인 특성을 정리하면 다음과 같다.

① 전극의 부피 팽창을 견딜 수 있는 정도의 강도를 보유해야 하며 적당한 탄성이 필요하다.

② 전기화학적으로 안정적이어야 하며, 산화 및 환원 분위기에서도 분해되지 않는 내산화성, 내환원성이 요구된다.

③ 전해액 용매 혹은 SEI 물질과의 반응이 없어야 하며, 음극/양극 활물질의 혼합•분산이 용이하여 균질한 슬러리 제조가 가능하여야 한다.

④ 활물질 입자 사이의 결착력을 증가시키고, 금속 집전체와 활물질 사이를 결착 시키고 유지하여야 한다.

바인더 물질은 전기화학적으로 안정하여 장기간의 평가 후에도 초기 접착력이 일정수준 이상으로 유지되어야 하며, 산화 및 환원 분위기에서도 분해되지 않는 내산화성, 내환원성 특징을 보유하여야 한다.[12][13] 이는 리튬이온 배터리의 작동 시, 전극에서 산화 환원 반응이 일어나고 특히 양극에서는 과충전시에 활성산소 발생의 가능성도 있기 때문인데, 이러한 산화 환원 반응에 대하여 안전성이 제공되지 않으면, 충방전 과정에서 바인더 물질은 점차 전해액에 녹아 들어가 용량 저하의 원인이 될 수 있다.[14][15]

또한 충/방전 과정에서 발생하는 전극 표면에 SEI요소에 대한 화학적 안정성도 요구된다. SEI (Solid electrolyte interface)란, 충방전 과정에서 발생하는 전기화학 반응에 의하여, 전해액 혹은 전극 활물질들이 분해/산화되어, 그 생성물들이 전극에 쌓이고 층을 형성하는 것을 말한다.[16][17][18][19] 일반적으로 SEI는 충/방전 과정에서 리튬 이온을 포함한 채, 전해액과 전극 사이에 피막을 형성하게 된다. 따라서, 바인더 물질은 Li_2CO_3, LiF, 그리고 LiOH와 같은 리튬염 및 SEI요소와 반응하지 않는 화학적 안정성을 갖고 있어야 한다.[20][21][22]

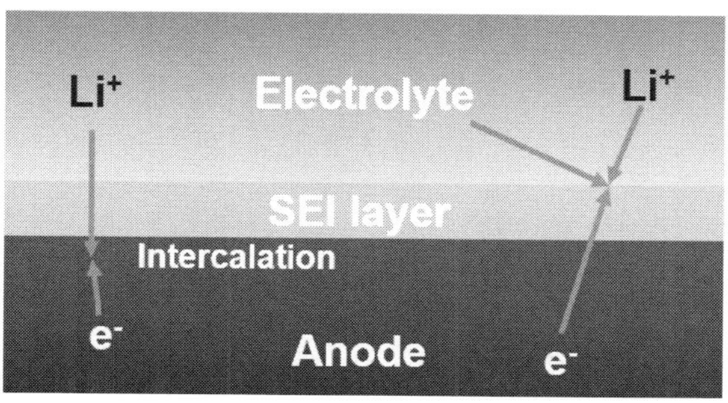

그림 1. 음극 표면에 발생하는 SEI layer

일반적으로, 리튬이온 배터리의 전해질 물질을 용해하기 위한 용매로서는, 극성이 큰 카보네이트계 유기용매가 주로 사용되는데, 안전성 보장을 위해서 바인더는 이러한 전해질 용매에도 분해되지 않는 물질이여

야 한다.[23][24]

반대로, 슬러리 형성에 필요한 용매에 대한 바인더 물질의 용해성은 높은 수준을 유지해야 한다. 일반적으로 전극을 제조하는 방법은 활물질과 고분자 바인더 물질을 혼합한 슬러리 혹은 Paste를 금속 집전체 위에 도포하여 사용하는데, 이 때 바인더가 가지는 용매와의 혼합성과 전극 활물질, 첨가제 등의 분산성이 높은 경우에만 잘 도포된 슬러리 제조가 가능하며, 바인더와 용매의 용해성은 집전체 위에 슬러리를 도포할 때의 조건에 영향을 주기 때문에, 적절한 용매 적합도가 필요하다.

높은 바인더 분산성을 이용한 성공적인 전극 슬러리를 제조할 수 있다면. 활물질 입자와 금속 집전체의 사이로 바인더가 고루 분포되어서 결착력 및 전도성이 우수한 점 결착을 형성할 수 있다. 점 결착이 형성되었을 경우에는, 바인더 물질, 활물질 입자 그리고 전자/전도 네트워크가 균일하게 분포되어 이상적인 형상을 띄지만, 그렇지 않은 경우에는 면 결착, 전도 저해 현상이 일어난다.[25][26] 바인더가 활물질 입자 사이 사이에 고르게 분포하여 존재하지 않고 활물질의 층 사이를 가로막은 형상으로 분포하는 경우를 면 결착이라고 하는데 이 때 제대로 분산되지 않은 바인더 물질이 활물질의 활성을 저해하여 전도성이 떨어지게 되고, 집전체와 활물질간의 점착력도 떨어지기 때문에 박리가 일어날 수 있다. 전도 저해는 바인더가 활물질과 금속 집전체 사이를 가로막은 경우로 활물질 입자간의 결착력이 떨어지고 활물질과 집전체 사이의 전도성을 가로막기 때문에 성능 저하의 원인이 된다.

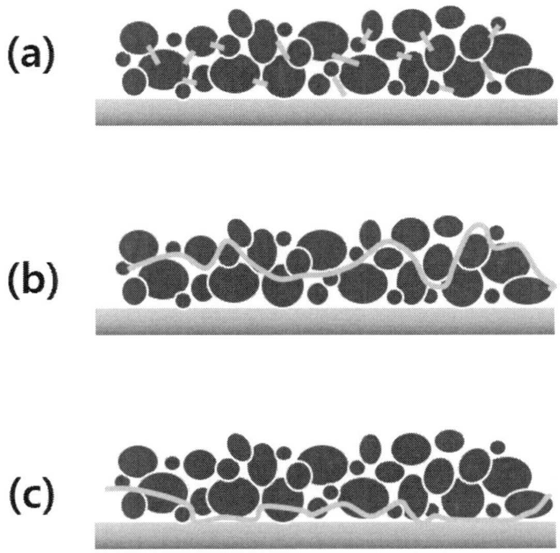

그림 2. 전극에서 폴리머 바인더의 바인딩 메커니즘
(a) 점 결착, (b) 면 결착, (c) 전도 저해

5.3. 바인더로 사용되는 고분자 종류

현재 바인더 물질로 가장 많이 사용되는 고분자는 PVDF계, SBR/CMC계이라 할 수 있다.

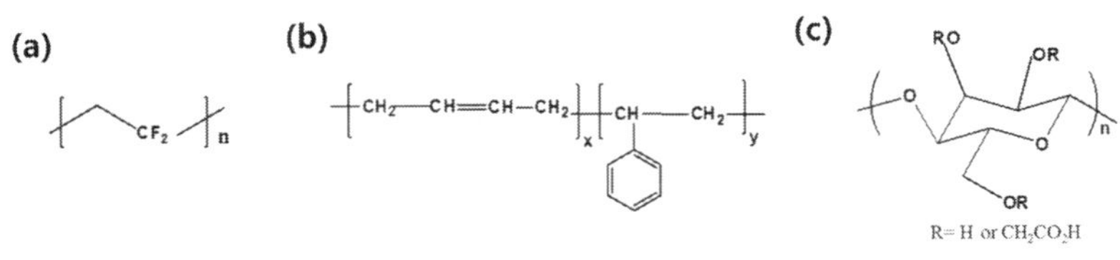

그림 3. 고분자 바인더의 화학 구조 (a) PVDF, (b) SBR, (c) CMC

PVDF (Polyvinylidene difluoride)는 비중이 1.78 g/ml, 유리전이 온도 (Tg)가 약 -35 ℃이며 융점 (Tm)이 약 174 ℃, 결정화 온도(Tc)가 약 142 ℃인 결정성 고분자이다.[27][28] PVDF계 바인더는 불소수지의 일종으로서 극성 용매에 용해되는 성질의 비닐 중합체이며, 일반 고분자에 비해 비전유율이 높고 (10^2-10^3 Hz) 극성 용매로 팽윤된 상태에서 10^{-6}-10^{-5} S/cm의 리튬이온 전도성을 보인다. 활물질에 대한 분산성 및 결착력이 우수하며 산화, 환원 분위기에서 전기화학적으로 안정하여 일반적인 양극과 음극의 선 접촉 바인더로 빈번하게 사용되고 있다.[29][30] 하지만 분자량 증가에 따라 결착력이 증가하나 슬러리 점도 또한 증가함으로 인하여 분산이 어려워지며, 고온 수명 능력 평가에서 집전체로부터 전극 코팅층의 탈리 문제가 발생한다는 문제점이 있다. 또한 물에 용해되지 않아 극성 유기용매에 사용해야 한다는 단점이 있으며 유기용매는 가격이 비싸고 가연성, 휘발성 문제 및 환경오염을 유발하기 때문에 수계 물질로 대체하려는 시도가 이루어지고 있다.[31]

SBR (styrene-butadiene rubber)은 diene계 합성 고무로서 유리전이 온도 (Tg)가 약 -5 ℃인 고분자이며 수계 바인더 물질 중 하나이다. 매우 유연한 특성을 가지고 있으며, 활물질 및 도전재 입자 사이를 최소한의 접착만으로 단단히 묶어줄 수 있다.[32][33] PVDF대비 결착력이 우수하여 탄소계 및 비탄소계 음극에 PVDF계 물질을 대신하여 사용하고 있다. 우수한 접착력으로 인해 바인더의 함량을 낮출 수 있어, 활물질의 함량을 증가시키고 전지의 용량을 증가시킬 수 있다는 장점이 있다. 모듈러스가 작고 탄성이 더 좋으며 전해질 흡수력이 낮다는 장점이 있다.[34][35]

CMC (carboxymethyl cellulose)는 수계용매 내에 존재하는 graphite 입자 사이에서 좋은 분산제 역할을 하며 CMC의 소수성 부분이 graphite의 소수성을 띄는 표면에 흡착되도록 돕는다. 흡착된 CMC층의

Charge된 카르복실레이트기는 수중에서 흑연 표면을 안정시킨다.[36][37] CMC의 풍부한 carboxylic acid group (-COOH)은 리튬 이온 전지 음극재의 Si와 수소결합을 이루어, 충/방전 시 발생하는 부피 팽창에 의한 용량 저하 현상을 줄일 수 있다.[38][39][40][41]

CMC를 단독으로 사용하는 것 보다, 활물질 사이의 점 접촉 형태를 띄어 리튬 이차 전지의 전기화학적 특성을 잘 유지할 수 있는 SBR과 혼합하여 에멀전 형태로 사용하였을 때 더 균질하고 덜 다공성인 미세구조가 만들어지며 믹싱 및 코팅 공정이 용이해지기 때문에 SBR/CMC 혼합 형태의 바인더가 주로 많이 사용된다. SBR/CMC 혼합 바인더는 가격적으로 경쟁력 있고 수계 바인더이기 때문에 폐기 처리가 용이하며 친환경적이라 할 수 있다.[42][43]

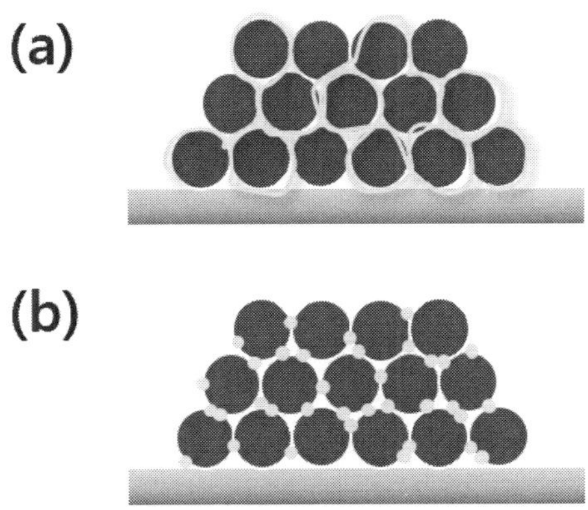

그림 4. (a) 선 접촉형 바인더 PVDF의 전극 모식도,
(b) 점 접촉형 바인더 SBR/CMC의 전극 모식도

SBR/CMC는 가격적으로 경쟁력 있으며, 수계 바인더이기 때문에 유기 용매가 필요하지 않다. 또한 폐기 처리도 용이하여 환경 친화적이라는 최대의 장점이 있으며, 특정 비율의 SBR+CMC 혼합물이 흑연의 표

면 전하를 크게 증가시킨다.[44][45][46] 이러한 장점으로 인해, 2006년부터는 큰 부피 변화를 수용하기 위한 바인더로 사용되기 시작하였으며 Si/graphite anode용 바인더로 도입되어 SBR: CMT=5: 1 wt. %의 비율에서 우수한 충/방전 성능이 확인되었다.[47][48][49] 하지만, 고 용량 음극재를 위한 고분자 바인더로서는 한계가 있으며 특히 Si과 같은 충 방전의 진행에 따른 부피 변화가 심한 음극재에 대해서는 기존 PVDF나 SBR/CMC고분자 바인더는 원하는 수준의 전기화학적 수명 특성을 얻기 어려운 상태이다. 이러한 문제로 인하여 polyolefin계, PTFE (polytetrafluoroethylene)계, polyimide계, polyurethane계, polyester계 등이 바인더 물질로 각광받고 있으며, 이 외 바인더는 고분자의 구조 및 성질을 기준으로 크게 네 가지로 분류할 수 있다.[50]

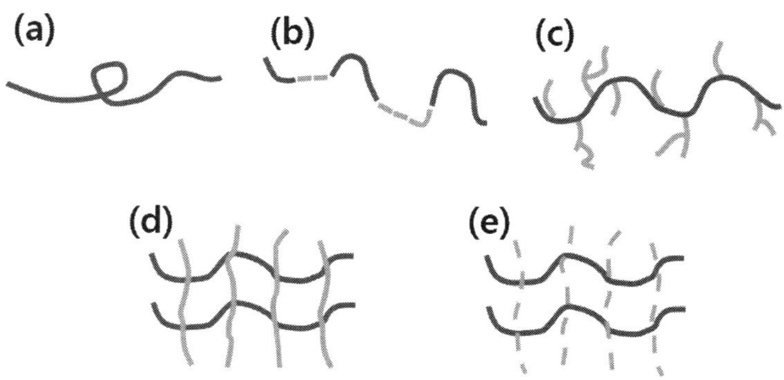

그림 5. 바인더 고분자의 구조 (a) Linear 타입 Homopolymer, (b) Linear 타입-Copolymer (c) Branched 타입, (d) Crosslinking 타입, (e) Self-healing 타입

1) Linear 타입

선형 고분자는 고분자 주쇄에 원자들이 긴 사슬로 배열된 구조로, 그 주쇄를 이루는 단량체의 종류에 따라, Homopolymer와 Copolymer로 나

뉜다. Homopolymer는 하나의 동일한 유닛으로 이루어진 선형 고분자를 의미하며, PVDF, CMC와 PAA, PVA, PAA-Na 등의 고분자를 예로 들 수 있다. Poly(acrylic acid) (PAA)는 주로 Si anode용 바인더로 사용되며, Carboxylic acids 구조로 인해 형성되는 수소 결합으로 인하여 바인더 및 바인더와 Si 사이의 강한 결착력을 제공한다.[51][52] 또한, 전해질 안에서 팽윤 전 후의 기계적 성능이 크게 변화하지 않으며 초기의 접착력이 유지된다. 일반적으로 자주 사용되는 CMC와 기능은 비슷하나, PAA-Si가 CMC-Si보다 더 나은 충방전 성능을 보이며, 이는 PAA 구조내에 수소결합을 유도할 수 있는 Carboxylic acid (-COOH) 관능기의 밀도가 CMC의 구조보다 더 높은 밀도를 보이기 때문이다.[53][54][55][56]

Poly(vinyl alcohol) (PVA)는 주로 음극재용 바인더로 쓰이며, Hydroxyl group (-OH)이 활물질 및 집전 장치와 수소 결합을 이룬다.[57][58] 이로 인하여 활물질의 표면을 덮는 바인더의 양이 증가하고 전극의 접착 강도가 향상된다는 장점이 있으며, Si/graphite composite 음극재용 바인더로 사용하였을 때 PVDF와 PAA보다 더 높은 충/방전 성능을 보인다.[59][60]

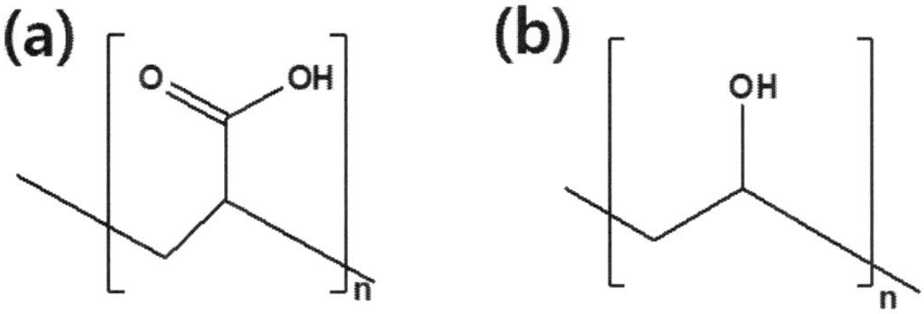

그림 6. 고분자 바인더의 화학 구조 (a) PAA, (b) PVA

Copolymer는 두개 혹은 그 이상의 다른 단량체 유닛들로 이루어진 고분자를 의미하며, SBR, PAI, alginate, P(AA-co-VA) 등이 이에 해당한다.[61][62] 이들은 주로 음극재 내의 Si와 약한 상호작용을 이룬다. Polyamide imide (PAI)는 기계적 강도가 높으며 micro-Si 음극재용 바인더로 사용 시 전기화학적 성능을 증가시킬 수 있다. 인장강도가 높기 때문에, 첫 번째 충전 과정에서 전기화학적으로 리튬 이온 및 전자들과 반응함에도 불구하고 실리콘 활물질의 충•방전 성능의 저하 현상을 줄일 수 있다는 장점이 있다.[63][64] 또한 PVDF, PAA 및 CMC보다 Si base 음극재와의 안정도가 높은 alginates (alginic acid, 보통은 Sodium salt 종류)가 copolymer의 구성 물질로 흔히 사용된다. Alginate는 풍부한 carboxyl moiety를 보유하고 있으며, 이는 Si의 입자들과 많은 결합을 형성할 수 있다.[65][66][67][68] 그 예로 Na-alginate 바인더는 PVDF보다 강도 또한 높기 때문에, 실리콘 음극재의 부피 팽창에 대한 우수한 저항력을 가지고 있다.[69][70]

2) Branched 타입

Branched 타입은 일반적인 linear 고분자 형태와는 다르게, 나뭇가지와 같은 형상으로 긴 고분자 주쇄에 작은 고분자 사슬 측쇄를 가지는 고분자 형태를 의미한다. 대개는 중합 과정의 부반응으로 인하여 생성되는 경우가 많으나, 물성 보완을 위하여 chain transfer agent 물질을 첨가하여 의도적으로 유도하기도 한다. 최근 연구된 고분자 바인더 물질로는 β-cyclodextrin (β-CDp) 을 기반으로 한 hyperbranched β-CDp 계를 branched 타입의 예시로 들 수 있다. Linear type의 고분자 바인더의 경우, 대게 실리콘 물질과의 상호작용이 한정적일 수 밖에 없으나, Hyperbranched 구조를 가지는 β-CDp는 fractal 기반의 구조를 형성하며, 다양한 bulky side group을 통한 수소결합 및 Van der Waals force를 통해 실리콘계 물질과의 강한 네트워크를 형성할 수 있다.[69][70] 따라서, β-CDp에 의해 형성된 고분자 네트워크는 리튬 이온 삽입 시 발생하는 실리콘의 부피 팽창을 감소시킬 수 있으며, 리튬 이온 탈리 시에는 특정 지점에서 바인더와의 접촉을 잃은 후 실리콘과의 상호작용 회복을 야기할 수 있다는 특징이 있다.[73]

3) Crosslinking 타입

Crosslinking 타입의 고분자 형태는 중합체 사슬이 화학적 공유결합을 통해 3차원적으로 가교 되어 형성된 폴리머 구조이기 때문에 변형에 대한 높은 기계적 저항, 특히 회복 불가능한 변형 특성을 나타낸다. 주로PAA-BP, PAA-CMC, PVA-PAA, c-PAA계 바인더가 Crosslinking 타입에 해당한다.[74][75] 기계적 특성을 증가시키기 위해, photo-cross-linkable benzophenone (BP)가 기능화 된 PAA-BP는, 기능화 된 BP로 인하여 빛 조사 시 가교가 이루어 지는 특징을 통해 crosslinking 형태를 형성할 수 있다. 이러한 PAA-BP를 고분자 바인더 물질로 사용하는 경우, 가교 되지 않은 PAA-BP 바인더의 Si 음극재 내 부피 팽창에 비하여 부피 팽창도를 극소화 시킬 수 있었으며, 이를 통하여 가교 된 폴리머가 리튬 이온의 삽입 및 탈리 시 실리콘 음극재 내에서 발생하는 부피 팽창에 대해 효과적으로 작용했다는 사실을 확인할 수 있었다.[76][77][78]

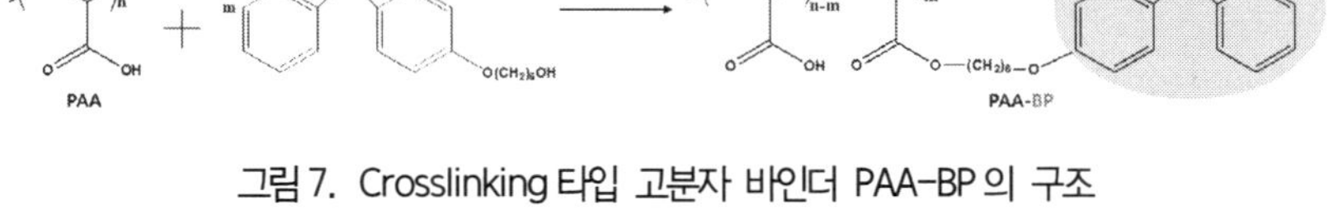

그림 7. Crosslinking 타입 고분자 바인더 PAA-BP 의 구조

4) Self-healing 타입

Self-healing 타입의 고분자 물질은 수소결합 바탕의 중합체 사슬이 3차원적으로 가교 되어 있어 신축성 있는 구조이며, 기계적으로 손상된 곳이 발생하면 수소결합을 통해 자발적 치유가 가능한 구조를 의미한다.

그림 8. Hydrogen bonding site를 보유한 Self-healing 폴리머의 구조 예시

Self-healing 타입의 폴리머 바인더는 유레아(Urea) 구조를 기반으로 Hydrogen bonding site를 보유하고 있으며 Recovering 바인더와 Si, 혹은 바인더와 바인더 사이의 상호작용이 존재한다.[72] 앞서 소개했던 PVDF 및 alginate binder는 약 10 % 및 2 %의 신축성을 가지고 있는 반면, Self-healing 타입의 가교 된 네트워크는 초기의 길이보다 약 3배 정도 팽창이 가능한 신축성을 가지고 있다. 이러한 우수한 신축성으로 인해, Self-healing타입의 폴리머 바인더는 실리콘의 부피 팽창을 잘 수용할 수 있으며 충/방전 안정성 및 방전 용량 비가 증가한다는 장점이 있다. 특히 Self-healing 실리콘 음극재는 20사이클동안 2,500 $mAhg^{-1}$의 리튬 탈리 용량을 유지할 수 있다고 보고되었다.[79][80]

5.4. Conclusions

본 챕터에서는 리튬 이온 전지의 구성요소 중 하나인 바인더의 요구 특성과 중요성, 자주 쓰이는 폴리머 바인더 및 고분자의 구조에 따른 폴리머 바인더의 종류에 대해 알아보았다. 최근 산업 발전으로 인해 더 높은 효율의 전지에 대한 수요가 증가하고 있으며, 부피 팽창 문제 또한 이슈로 떠오르고 있다. 이에 따라 충/방전 시 발생하는 부피 팽창에도 강한 접착력으로 전극 내 분리를 방지하고, 전기 화학적으로도 안정하며 전지의 성능 향상을 도모할 수 있는 특성의 바인더가 요구되고 있다. 다양한 구조, 물성, 기계적 특성을 가진 폴리머 바인더에 대한 연구가 활발히 진행되고 있다는 것을 본 챕터에서 확인할 수 있었으며 고분자 바인더의 수요 또한 증가할 것으로 사료된다.

References

[1] Montarnal, D., Tournilhac, F., Hidalgo, M., Couturier, J.-L. & Leibler, L. Versatile one-pot synthesis of supramolecular plastics and self-healing rubbers. Journal of the American Chemical Society 131, 7966-7967 (2009).

[2] Tee, B. C., Wang, C., Allen, R. & Bao, Z. An electrically and mechanically self-healing composite with pressure- and flexion-sensitive properties for electronic skin applications. Nat Nanotechnol 7, 825-832, doi:10.1038/nnano.2012.192 (2012).

[3] Cordier, P., Tournilhac, F., Soulie-Ziakovic, C. & Leibler, L. Self-healing and thermoreversible rubber from supramolecular assembly. Nature 451, 977-980, doi:10.1038/nature06669 (2008).

[4] Kwon, T. W. et al. Systematic molecular-level design of binders incorporating Meldrum's acid for silicon anodes in lithium rechargeable batteries. Adv Mater 26, 7979-7985, doi:10.1002/adma.201402950 (2014).

[5] Zhang, L. et al. A coordinatively cross-linked polymeric network as a functional binder for high-performance silicon submicro-particle anodes in lithium-ion batteries. J. Mater. Chem. A 2, 19036-19045, doi:10.1039/c4ta04320k (2014).

[6] Aoki, S. et al. Acrylic Acid-Based Copolymers as Functional Binder for Silicon/Graphite Composite Electrode in Lithium-Ion Batteries. Journal of The Electrochemical Society 162, A2245-A2249, doi:10.1149/2.0171512jes (2015).

[7] Wu, H. et al. Stable Li-ion battery anodes by in-situ polymerization of conducting hydrogel to conformally coat silicon nanoparticles. Nat Commun 4, 1943, doi:10.1038/ncomms2941 (2013).

[8] Koo, B. et al. A highly cross-linked polymeric binder for high-performance silicon negative electrodes in lithium ion batteries. Angew Chem Int Ed Engl 51, 8762-8767, doi:10.1002/anie.201201568 (2012).

[9] Park, Y. et al. A photo-cross-linkable polymeric binder for silicon anodes in lithium ion batteries. RSC Advances 3, doi:10.1039/c3ra42447b (2013).

[10] Jeong, Y. K. et al. Hyperbranched beta-cyclodextrin polymer as an effective multidimensional binder for silicon anodes in lithium rechargeable batteries. Nano Lett 14, 864-870, doi:10.1021/nl404237j (2014).

[11] Wang, C. et al. Self-healing chemistry enables the stable operation of silicon microparticle anodes for high-energy lithium-ion batteries. Nat Chem 5, 1042-1048, doi:10.1038/nchem.1802 (2013).

[12] Leemhuis, H., Kelly, R. M. & Dijkhuizen, L. Engineering of cyclodextrin glucanotransferases and the impact for biotechnological applications. Appl Microbiol Biotechnol 85, 823-835, doi:10.1007/s00253-009-2221-3 (2010).

[13] Lux, S., Schappacher, F., Balducci, A., Passerini, S. & Winter, M. Low cost, environmentally benign binders for lithium-ion batteries. Journal of the Electrochemical Society 157, A320-A325 (2010).

[14] Bigoni, F., De Giorgio, F., Soavi, F. & Arbizzani, C. Sodium Alginate: A Water-Processable Binder in High-Voltage Cathode Formulations. Journal of The Electrochemical Society 164, A6171-A6177, doi:10.1149/2.0281701jes (2016).

[15] Phanikumar, V. V. N. et al. Investigation on polyvinyl alcohol and sodium alginate as aqueous binders for lithium-titanium oxide anode in lithium-ion batteries. Ionics 25, 2549-2561, doi:10.1007/s11581-018-2751-8 (2018).

[16] Zhang, S.-J. et al. Sodium-Alginate-Based Binders for Lithium-Rich Cathode Materials in Lithium-Ion Batteries to Suppress Voltage and Capacity Fading. ChemElectroChem 5, 1321-1329, doi:10.1002/celc.201701358 (2018).

[17] Wu, Z.-Y. et al. Multiple hydrogel alginate binders for Si anodes of lithium-ion battery. Electrochimica Acta 245, 371-378, doi:10.1016/j.electacta.2017.05.094 (2017).

[18] Bulut, E., Güzel, E., Yuca, N. & Taskin, O. S. Novel approach with polyfluorene/polydisulfide copolymer binder for high-capacity silicon anode in lithium-ion batteries. Journal of Applied Polymer Science 137, doi:10.1002/app.48303 (2019).

[19] Wang, R. et al. Effect of Different Binders on the Electrochemical Performance of Metal Oxide Anode for Lithium-Ion Batteries. Nanoscale Res Lett 12, 575, doi:10.1186/s11671-017-2348-6 (2017).

[20] Qian, G. et al. Polyimide Binder: A Facile Way to Improve Safety of Lithium Ion Batteries. Electrochimica Acta 187, 113-118, doi:10.1016/j.electacta.2015.11.019 (2016).

[21] Han, Z.-J. et al. Electrochemical lithiation performance and characterization of

silicon–graphite composites with lithium, sodium, potassium, and ammonium polyacrylate binders. Physical Chemistry Chemical Physics 17, 3783-3795 (2015).

[22] Magasinski, A. et al. Toward efficient binders for Li-ion battery Si-based anodes: polyacrylic acid. ACS Appl Mater Interfaces 2, 3004-3010, doi:10.1021/am100871y (2010).

[23] Park, H.-K., Kong, B.-S. & Oh, E.-S. Effect of high adhesive polyvinyl alcohol binder on the anodes of lithium ion batteries. Electrochemistry Communications 13, 1051-1053, doi:10.1016/j.elecom.2011.06.034 (2011).

[24] Reis, E. F. d. et al. Synthesis and characterization of poly (vinyl alcohol) hydrogels and hybrids for rMPB70 protein adsorption. Materials Research 9, 185-191 (2006).

[25] Lin, C.-T., Huang, T.-Y., Huang, J.-J., Wu, N.-L. & Leung, M.-k. Multifunctional co-poly(amic acid): A new binder for Si-based micro-composite anode of lithium-ion battery. Journal of Power Sources 330, 246-252, doi:10.1016/j.jpowsour.2016.09.021 (2016).

[26] Mazouzi, D., Lestriez, B., Roué, L. & Guyomard, D. Silicon composite electrode with high capacity and long cycle life. Electrochemical and Solid State Letters 12, A215 (2009).

[27] Han, Z. J., Yabuuchi, N., Hashimoto, S., Sasaki, T. & Komaba, S. Cross-Linked Poly(acrylic acid) with Polycarbodiimide as Advanced Binder for Si/Graphite Composite Negative Electrodes in Li-Ion Batteries. ECS Electrochemistry Letters 2, A17-A20, doi:10.1149/2.005302eel (2012).

[28] Porcher, W. et al. Understanding Polyacrylic Acid and Lithium Polyacrylate Binder Behavior in Silicon Based Electrodes for Li-Ion Batteries. Journal of The Electrochemical Society 164, A3633-A3640, doi:10.1149/2.0821714jes (2017).

[29] Parikh, P. et al. Role of Polyacrylic Acid (PAA) Binder on the Solid Electrolyte Interphase in Silicon Anodes. Chemistry of Materials 31, 2535-2544, doi:10.1021/acs.chemmater.8b05020 (2019).

[30] Jeena, M. T. et al. Multifunctional molecular design as an efficient polymeric binder for silicon anodes in lithium-ion batteries. ACS Appl Mater Interfaces 6, 18001-18007, doi:10.1021/am504854x (2014).

[31] Urbanski, A. et al. An Efficient Two-Polymer Binder for High-Performance

Silicon Nanoparticle-Based Lithium-Ion Batteries: A Systematic Case Study with Commercial Polyacrylic Acid and Polyvinyl Butyral Polymers. Journal of The Electrochemical Society 166, A5275-A5286, doi:10.1149/2.0371903jes (2019).

[32] Kil, K. C. & Paik, U. Lithium salt of carboxymethyl cellulose as an aqueous binder for thick graphite electrode in lithium ion batteries. Macromolecular Research 23, 719-725, doi:10.1007/s13233-015-3094-1 (2015).

[33] Choi, N.-S. et al. Recent Progress on Polymeric Binders for Silicon Anodes in Lithium-Ion Batteries. Journal of Electrochemical Science and Technology 6, 35-49, doi:10.5229/jecst.2015.6.2.35 (2015).

[34] 이주란, 김도형, 차아밍 & 강석주. 이차전지용 기능성 고분자. Polymer Science and Technology 27, 220-226 (2016).

[35] Yen, J.-P., Chang, C.-C., Lin, Y.-R., Shen, S.-T. & Hong, J.-L. Effects of Styrene-Butadiene Rubber/Carboxymethylcellulose (SBR/CMC) and Polyvinylidene Difluoride (PVDF) Binders on Low Temperature Lithium Ion Batteries. Journal of The Electrochemical Society 160, A1811-A1818, doi:10.1149/2.083310jes (2013).

[36] Wang, L., Fu, Y., Battaglia, V. S. & Liu, G. SBR–PVDF based binder for the application of SLMP in graphite anodes. RSC Advances 3, doi:10.1039/c3ra42773k (2013).

[37] Cho, H., Kim, K., Park, C.-M. & Jeong, G. In situ fabrication of nanohybrid carbon/polyamide film providing robust binding and conductive network in silicon anode for lithium-ion battery. Journal of Power Sources 410-411, 25-30, doi:10.1016/j.jpowsour.2018.11.005 (2019).

[38] Lee, T.-H. et al. Fabrication of a nanoscale single-crystalline silicon thin film on insulator. Electrochemical and Solid State Letters 10, K17 (2007).

[39] Qiu, L. et al. Synthesis and electrospinning carboxymethyl cellulose lithium (CMC-Li) modified 9,10-anthraquinone (AQ) high-rate lithium-ion battery. Carbohydr Polym 102, 986-992, doi:10.1016/j.carbpol.2013.09.105 (2014).

[40] Nagasubramanian, G. & Doughty, D. Improving the interfacial resistance in lithium cells with additives. Journal of power sources 96, 29-32 (2001).

[41] Hochgatterer, N. S. et al. Silicon/graphite composite electrodes for high-capacity anodes: influence of binder chemistry on cycling stability. Electrochemical and

solid-state letters 11, A76-A80 (2008).

[42] Guo, J. & Wang, C. A polymer scaffold binder structure for high capacity silicon anode of lithium-ion battery. Chem Commun (Camb) 46, 1428-1430, doi:10.1039/b918727h (2010).

[43] Xun, S., Song, X., Battaglia, V. & Liu, G. Conductive Polymer Binder-Enabled Cycling of Pure Tin Nanoparticle Composite Anode Electrodes for a Lithium-Ion Battery. Journal of The Electrochemical Society 160, A849-A855, doi:10.1149/2.087306jes (2013).

[44] Beattie, S. D., Larcher, D., Morcrette, M., Simon, B. & Tarascon, J.-M. Si electrodes for Li-ion batteries—a new way to look at an old problem. Journal of The Electrochemical Society 155, A158-A163 (2008).

[45] Vogl, U. S. et al. Mechanism of interactions between CMC binder and Si single crystal facets. Langmuir 30, 10299-10307, doi:10.1021/la501791q (2014).

[46] Munao, D., van Erven, J. W. M., Valvo, M., Garcia-Tamayo, E. & Kelder, E. M. Role of the binder on the failure mechanism of Si nano-composite electrodes for Li-ion batteries. Journal of Power Sources 196, 6695-6702, doi:10.1016/j.jpowsour.2010.11.072 (2011).

[47] Lim, S., Kim, S., Ahn, K. H. & Lee, S. J. The effect of binders on the rheological properties and the microstructure formation of lithium-ion battery anode slurries. Journal of Power Sources 299, 221-230, doi:10.1016/j.jpowsour.2015.09.009 (2015).

[48] Li, J., Daniel, C., An, S. J. & Wood, D. Evaluation residual moisture in lithium-ion battery electrodes and its effect on electrode performance. MRS Advances 1, 1029-1035 (2016).

[49] Mazouzi, D., Lestriez, B., Roué, L. & Guyomard, D. Silicon composite electrode with high capacity and long cycle life. Electrochemical and Solid State Letters 12, A215 (2009).

[50] Li, J., Lewis, R. & Dahn, J. Sodium carboxymethyl cellulose a potential binder for Si negative electrodes for Li-ion batteries. Electrochemical and Solid-State Letters 10, A17-A20 (2007).

[51] Doberdò, I. et al. Enabling aqueous binders for lithium battery cathodes – Carbon coating of aluminum current collector. Journal of Power Sources 248, 1000-1006,

doi:10.1016/j.jpowsour.2013.10.039 (2014).

[52] Kim, G. T. et al. Use of natural binders and ionic liquid electrolytes for greener and safer lithium-ion batteries. Journal of Power Sources 196, 2187-2194, doi:10.1016/j.jpowsour.2010.09.080 (2011).

[53] Ryou, M. H. et al. Mussel-inspired adhesive binders for high-performance silicon nanoparticle anodes in lithium-ion batteries. Adv Mater 25, 1571-1576, doi:10.1002/adma.201203981 (2013).

[54] Chen, Z., Christensen, L. & Dahn, J. R. Comparison of PVDF and PVDF-TFE-P as Binders for Electrode Materials Showing Large Volume Changes in Lithium-Ion Batteries. Journal of The Electrochemical Society 150, doi:10.1149/1.1586922 (2003).

[55] Li, J. et al. Investigations on cellulose-based high voltage composite cathodes for lithium ion batteries. Journal of Power Sources 196, 7687-7691 (2011).

[56] Buqa, H., Holzapfel, M., Krumeich, F., Veit, C. & Novák, P. Study of styrene butadiene rubber and sodium methyl cellulose as binder for negative electrodes in lithium-ion batteries. Journal of Power Sources 161, 617-622, doi:10.1016/j.jpowsour.2006.03.073 (2006).

[57] Kovalenko, I. et al. A major constituent of brown algae for use in high-capacity Li-ion batteries. Science 334, 75-79, doi:10.1126/science.1209150 (2011).

[58] Choi, N.-S., Yew, K. H., Choi, W.-U. & Kim, S.-S. Enhanced electrochemical properties of a Si-based anode using an electrochemically active polyamide imide binder. Journal of Power Sources 177, 590-594, doi:10.1016/j.jpowsour.2007.11.082 (2008).

[59] Komaba, S. et al. Study on Polymer Binders for High-Capacity SiO Negative Electrode of Li-Ion Batteries. The Journal of Physical Chemistry C 115, 13487-13495, doi:10.1021/jp201691g (2011).

[60] Song, J. et al. Interpenetrated Gel Polymer Binder for High-Performance Silicon Anodes in Lithium-ion Batteries. Advanced Functional Materials 24, 5904-5910, doi:10.1002/adfm.201401269 (2014).

[61] Nirmale, T. C., Kale, B. B. & Varma, A. J. A review on cellulose and lignin based binders and electrodes: Small steps towards a sustainable lithium ion battery. Int J Biol Macromol 103, 1032-1043, doi:10.1016/j.ijbiomac.2017.05.155

(2017).

[62] Yuk, J. M., Seo, H. K., Choi, J. W. & Lee, J. Y. Anisotropic lithiation onset in silicon nanoparticle anode revealed by in situ graphene liquid cell electron microscopy. ACS nano 8, 7478-7485 (2014).

[63] Li, J.-Y. et al. Research progress regarding Si-based anode materials towards practical application in high energy density Li-ion batteries. Materials Chemistry Frontiers 1, 1691-1708 (2017).

[64] Wang, C. et al. Self-healing chemistry enables the stable operation of silicon microparticle anodes for high-energy lithium-ion batteries. Nature chemistry 5, 1042 (2013).

[65] Pollak, E., Salitra, G., Baranchugov, V. & Aurbach, D. In situ conductivity, impedance spectroscopy, and ex situ Raman spectra of amorphous silicon during the insertion/extraction of lithium. The Journal of Physical Chemistry C 111, 11437-11444 (2007).

[66] 정구진. 차세대 리튬이차전지용 고용량 음극소재. E^2M-전기 전자와 첨단 소재 (구 전기전자재료) 29, 10-20 (2016).

[67] Kwon, T. W., Choi, J. W. & Coskun, A. The emerging era of supramolecular polymeric binders in silicon anodes. Chem Soc Rev 47, 2145-2164, doi:10.1039/c7cs00858a (2018).

[68] Su, X. et al. Silicon-Based Nanomaterials for Lithium-Ion Batteries: A Review. Advanced Energy Materials 4, doi:10.1002/aenm.201300882 (2014).

[69] Choi, J. W. & Aurbach, D. Promise and reality of post-lithium-ion batteries with high energy densities. Nature Reviews Materials 1, doi:10.1038/natrevmats.2016.13 (2016).

[70] Bresser, D., Buchholz, D., Moretti, A., Varzi, A. & Passerini, S. Alternative binders for sustainable electrochemical energy storage – the transition to aqueous electrode processing and bio-derived polymers. Energy & Environmental Science 11, 3096-3127, doi:10.1039/c8ee00640g (2018).

[71] Wang, X. et al. Understanding volume change in lithium-ion cells during charging and discharging using in situ measurements. Journal of The Electrochemical Society 154, A14-A21 (2007).

[72] Song, M. K., Cairns, E. J. & Zhang, Y. Lithium/sulfur batteries with high specific

energy: old challenges and new opportunities. Nanoscale 5, 2186-2204, doi:10.1039/c2nr33044j (2013).

[73] Tarascon, J.-M. & Armand, M. in Materials for sustainable energy: a collection of peer-reviewed research and review articles from Nature Publishing Group 171-179 (World Scientific, 2011).

[74] Wu, H. & Cui, Y. Designing nanostructured Si anodes for high energy lithium ion batteries. Nano Today 7, 414-429, doi:10.1016/j.nantod.2012.08.004 (2012).

[75] Mu, T. et al. A three-dimensional silicon/nitrogen-doped graphitized carbon composite as high-performance anode material for lithium ion batteries. Journal of Alloys and Compounds 777, 190-197, doi:10.1016/j.jallcom.2018.10.177 (2019).

[76] Franco Gonzalez, A., Yang, N.-H. & Liu, R.-S. Silicon Anode Design for Lithium-Ion Batteries: Progress and Perspectives. The Journal of Physical Chemistry C 121, 27775-27787, doi:10.1021/acs.jpcc.7b07793 (2017).

[77] Lee, J., Koo, J., Jang, B. & Kim, S. Quantitative relationships between microstructures and electrochemical properties in Si core-SiOx shell nanoparticles for Li-ion battery anodes. Journal of Power Sources 329, 79-87, doi:10.1016/j.jpowsour.2016.08.035 (2016).

[78] Shi, Y., Zhou, X. & Yu, G. Material and Structural Design of Novel Binder Systems for High-Energy, High-Power Lithium-Ion Batteries. Acc Chem Res 50, 2642-2652, doi:10.1021/acs.accounts.7b00402 (2017).

[79] Jang, S. Y. & Han, S. H. Fabrication of Si negative electrodes for Li-ion batteries (LIBs) using cross-linked polymer binders. Sci Rep 6, 38050, doi:10.1038/srep38050 (2016).

[80] Xu, J. lnvestigation of the Critical Role of Polymeric Binders for Silicon Negative Electrodes in Lithium-lon Batteries. (2016).

VI. 결론

VI. 결론

최근 많은 연구가 이루어지고 있으며 급속도로 발전하고 있는 리튬 이온 전지에는 다양한 물질들이 사용되고 있다. 그 중 고분자 물질을 기반으로 한 소재들의 경우, 리튬 이온 전지의 안전성 등의 요소에 영향을 줄 수 있으며, 다양한 연구가 진행 중에 있다. 본 책에서는, 리튬 이온 전지 내에서 고분자 물질이 이용될 수 있는 소재로 분리막, 고체 전해질, 바인더에 응용이 가능함을 확인하였다. 이러한 고분자 기반 소재들은 각각의 물질 요구 특성에 따라, 다양한 종류의 고분자 물질 그리고 다양한 형태의 고분자 소재들이 사용되는 것을 확인할 수 있었다. 이러한 물질 특성 기반 리튬 이온 전지용 고분자 소재는 고분자 소재의 물성 발전에 따라서 점차 더 발전할 것이며, 리튬 이온 전지의 안전성 부분 이외에도 더욱 다양한 부분에 고분자 소재가 사용될 것이다. 따라서, 본 교재에 설명되었던 리튬 이온 전지에 사용되는 고분자 물질들의 특성, 제조 방법, 물질 종류 등에 대한 정보가 앞으로 리튬 이온 전지용 고분자 소재를 연구/개발하는 연구자들에게 많은 도움이 되길 소망한다.